Werteflüsse in die SAP®-Ergebnisrechnung (CO-PA)

Christoph Theis
Stefan Eifler

Willkommen bei Espresso Tutorials!

Unser Ziel ist es, SAP-Wissen wie einen Espresso zu servieren: Auf das Wesentliche verdichtete Informationen anstelle langatmiger Kompendien – für ein effektives Lernen an konkreten Fallbeispielen. Viele unserer Bücher enthalten zusätzlich Videos, mit denen Sie Schritt für Schritt die vermittelten Inhalte nachvollziehen können. Besuchen Sie unseren YouTube-Kanal mit einer umfangreichen Auswahl frei zugänglicher Videos:

https://www.youtube.com/user/EspressoTutorials.

Kennen Sie schon unser Forum? Hier erhalten Sie stets aktuelle Informationen zu Entwicklungen der SAP-Software, Hilfe zu Ihren Fragen und die Gelegenheit, mit anderen Anwendern zu diskutieren:

http://www.fico-forum.de.

Eine Auswahl weiterer Bücher von Espresso Tutorials:

- Andreas Unkelbach, Martin Munzel: Schnelleinstieg ins SAP® Controlling (CO) *http://4004.espresso-tutorials.com*
- Stefan Eifler: Schnelleinstieg in die SAP®-Ergebnisrechnung (CO-PA) *http://5001.espresso-tutorials.com*
- Martin Munzel: New SAP® Controlling Planning Interface *http://5011.espresso-tutorials.com*
- Robin Schneider: Investitionsmanagement mit SAP® *http://5002.espresso-tutorials.com*
- Thomas Bauer, Ralf Pieper-Kaplan, Martin Munzel, Christian Sass, Eckhard Moos: Planung mit SAP ERP, BW und BPC – das richtige Werkzeug auswählen *http://4038.espresso-tutorials.com*
- Paul Ovigele: Reconciling SAP® CO-PA to the General Ledger CO-PA *http://5040.espresso-tutorials.com*
- Ulrich Fahrnschon: Kundenauftrags-Controlling in SAP® ERP CO-PC *http://5083.espresso-tutorials.com*
- Andreas Jansen: Schnelleinstieg in das SAP®-Produktkosten-controlling (CO-PC) *http://5099.espresso-tutorials.de*
- Rosana Fonseca: Practical Guide to SAP® Material Ledger (ML) *http://5116.espresso-tutorials.de*

Bibliografische Information der Deutschen Bibliothek
Die Deutsche Bibliothek verzeichnet diese Publikation in der Deutschen Nationalbibliografie; detaillierte bibliografische Daten sind im Internet über http://dnb.ddb.de abrufbar.

Christoph Theis, Stefan Eifler
Werteflüsse in die SAP®-Ergebnisrechnung (CO-PA)

ISBN: 978-3-960120-97-1

Lektorat: Anja Achilles

Korrektorat: Christine Weber

Coverdesign: Philip Esch, Martin Munzel

Coverfoto: iStock # 13302363 I bjones27

Satz & Layout: Johann-Christian Hanke

1. Aufl. 2016, Gleichen

URL: www.espresso-tutorials.de

Feedback:
Wir freuen uns über Fragen und Anmerkungen jeglicher Art. Bitte senden Sie diese an: *info@espresso-tutorials.com*.

Inhaltsverzeichnis

Vorwort oder: Werteflüsse in das Königsmodul

Wenn Sie in einem Unternehmen arbeiten, das die SAP-ERP-Software für seine produktionstechnischen, logistischen und finanziellen Prozesse im Einsatz hat, oder wenn Sie als externer bzw. interner SAP-Berater arbeiten, werden Sie sich sicherlich schon mal mit dem Gedanken befasst haben, wie sich Ihr Mengen- und Wertefluss in den logistischen Modulen des SAP-Systems abbilden lässt und wie sich dieser wohl in den Modulen des Rechnungswesens widerspiegelt. Wie wird das unternehmerische Geschehen letzten Endes im Modul Finanzwesen (FI) für das externe Rechnungswesen (Bilanz sowie Gewinn- und Verlustrechnung [GuV]) festgehalten, und wie wirkt es sich insbesondere im Modul Controlling (CO) auf das interne Rechnungswesen aus, speziell in der Deckungsbeitragsrechnung? Wie lassen sich in einem nächsten Schritt das externe und das interne Rechnungswesen abstimmen, vor allem dann, wenn Sie für die Abbildung der Deckungsbeitragsrechnung die kalkulatorische Form der *Ergebnisrechnung (CO-PA)* verwenden?

Häufig finden Sie SAP-Bücher, die Ihnen alle Möglichkeiten aufzeigen, welche die SAP-Software bereithält.

Keine Sorge, das ist nicht unser Anliegen! Wir werden nicht versuchen, Ihnen die Grundlagen der Buchführung oder die Kosten- und Leistungsrechnung beizubringen; dafür gibt es unzählige andere gute Bücher zum Rechnungswesen. Wir wollen auch nicht alle möglichen Werkzeuge der unterschiedlichen SAP-Module beschreiben.

Dieses Buch ist von seinem Konzept her neu – so etwas hat es auf dem Markt für SAP-Bücher in der hier dargestellten Form bisher noch nicht gegeben!

Denn wir zeigen Ihnen in einfacher und verständlicher Weise an einem durchgängigen Beispiel im SAP-System, wie ein Mengen- und Wertefluss von seiner Entstehung im Kundenauftrag über die Produktion bis hin zum Warenausgang und zur Rechnung abläuft und wie alles im Rechnungswesen abgebildet wird – betriebswirtschaftlich und SAP-technisch betrachtet.

Die dafür erforderlichen Voraussetzungen im SAP-System werden detailliert benannt, und wir erläutern Ihnen, wie Sie die erzeugten Werte zwischen den einzelnen Modulen abstimmen können, um daraus ein verlässliches Reporting zu generieren.

Speziell dann, wenn Sie die kalkulatorische Form des Moduls CO-PA (Profitability Analysis) benutzen und darin Werte verwenden, die nicht oder nicht sofort in der Finanzbuchhaltung gebucht werden, ist eine Abstimmung bis hin zum Ergebnis eine große Herausforderung. Aber gerade diese Abstimmung zwischen FI und CO-PA wird in den meisten Unternehmen gefordert!

Warum haben wir dieses Vorwort »Werteflüsse in das Königsmodul« genannt? Was ist überhaupt das Königsmodul? Das wollen wir Ihnen anhand der folgenden vier Grafiken kurz und nicht ohne Schmunzeln erläutern:

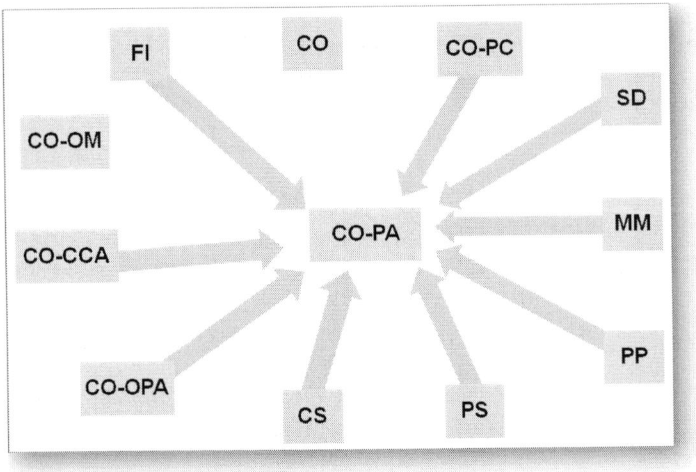

Werteflüsse in das CO-PA I

Aus sehr vielen SAP-Modulen werden Daten in die Ergebnisrechnung (CO-PA) übertragen.

Nun bereiten wir diese Grafik so auf, dass das Modul CO-PA oben steht und alle anderen unten.

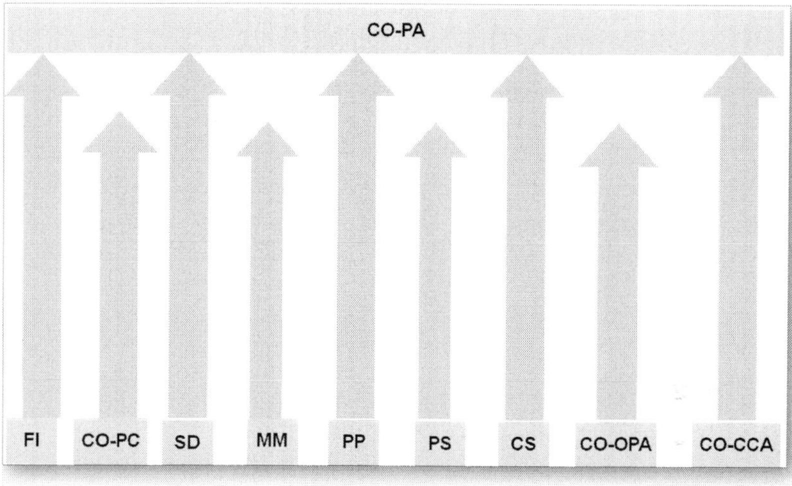

Werteflüsse in das CO-PA II

Anschließend führen wir die Pfeile zusammen.

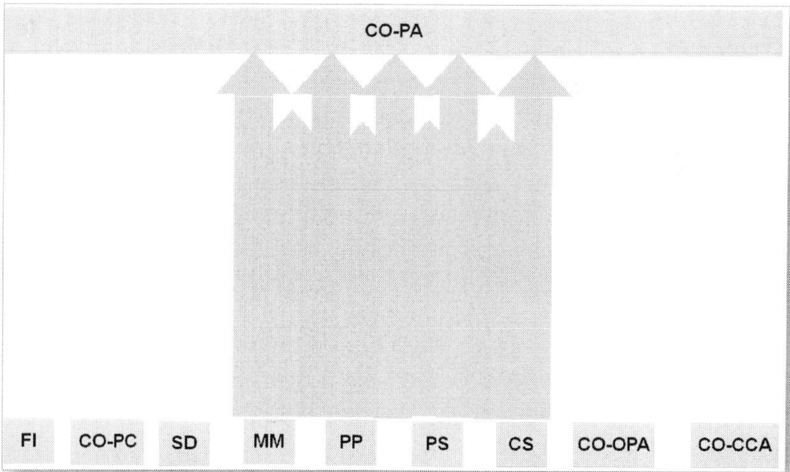

Werteflüsse in das CO-PA III

Und Sie erkennen es sicher sofort: Das Ganze sieht nun aus wie eine Krone. Daher gilt:

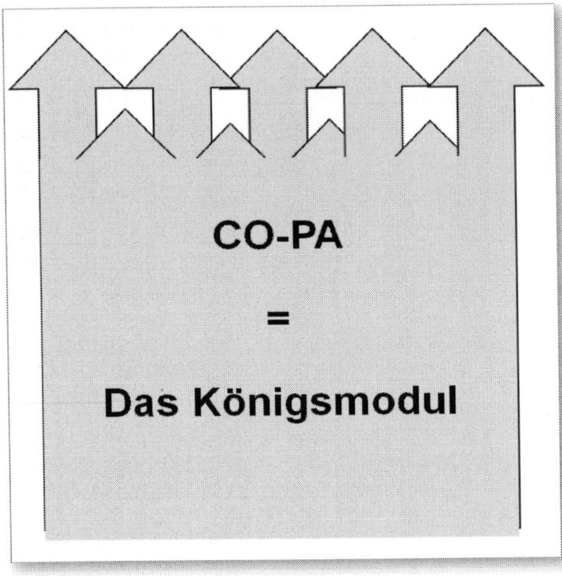

Das »Königsmodul«

Für Stefan Eifler ist dieses Buch auch eine Fortsetzung seines Werks »Schnelleinstieg in die SAP-Ergebnisrechnung (CO-PA)« (Espresso Tutorials, 2012). Darin werden Themen wie Strukturen und Reportingmöglichkeiten des CO-PA, Merkmalsableitungen, Bewertungen, Ist- und Plan-Werteflüsse auf einfache Weise beschrieben. Das vorliegende Buch befasst sich intensiver mit den Ist-Werteflüssen ins CO-PA, misst aber auch ihrer Abstimmbarkeit im SAP-System, insbesondere mit dem Modul FI, eine große Bedeutung bei.

In Kapitel 1 müssen wir zunächst einige Voraussetzungen benennen, damit wir die »gleiche Sprache sprechen« und Sie befähigt sind, dieses Buch bis zum Ende zu lesen. Wir beschreiben kurz die Organisationsstruktur, die uns als Basis für die Darstellung unserer Werteflüsse dienen soll, sowie einige wesentliche Stammdaten, die wir für die Beschreibung der Prozesse benötigen. Weiterhin werden wir eine verkürzte GuV- sowie eine Deckungsbeitragsstruktur benennen, die Sie außerdem am Ende jedes weiteren Kapitels wiederfinden.

Wieso, werden Sie denken, wollen die uns denn diese Strukturen in jedem Kapitel buchstäblich vor die Nase setzen? Reicht nicht einmal aus? Nein, wir wollen Ihnen am Ende jeweils sagen, an welcher Stelle der GuV oder der Deckungsbeitragsrechnung sich der in dem Kapitel beschriebene Vorgang auswirkt, damit wir zum Abschluss dieses Buches eine Brücke zwischen FI und kalkulatorischer Ergebnisrechnung schlagen können! Wir werden Sie kapitelweise durch die folgenden Prozessschritte eines kompletten logistischen Verkaufs- und Produktionsablauf führen:

- Kundenauftrag (Kapitel 2),
- Fertigungsauftrag (Kapitel 3),
- Lieferung incl. Warenausgang zum Kunden (Kapitel 4),
- Faktura (Kapitel 5),
- Umlage CO-PA (Kapitel 6),
- Periodenabschlussarbeit Ware in Arbeit (WIP) (Kapitel 7).

Der Prozess beginnt im Vertriebsmodul SD (Sales and Distribution) – der Kunde droht mit Auftrag! Wir werden also einen Kundenauftrag erfassen und anschließend das vom Kunden gewünschte Produkt produzieren (im Modul PP [Produktionsplanung und -steuerung]). Nach Fertigstellung werden wir das Produkt zum Kunden liefern (Lieferung: Modul SD, Warenausgang: Modul MM [Materialwirtschaft]) und sodann in Rechnung stellen (wieder Modul SD).

Schließlich befassen wir uns mit der Abbildung weiterer Kosten, die nicht direkt Bestandteil dieses Prozesses sind, und damit, wie diese im Rahmen des Periodenabschlusses zu buchen sind.

Im Abschlusskapitel werden wir alle Daten zusammenführen, die in unsere GuV und unsere Deckungsbeitragsrechnung eingeflossen sind, und Ihnen nicht nur zeigen, wie ein Mengen- und Wertefluss im SAP-System abläuft, sondern auch, wie sich die Brücke zwischen FI und dem kalkulatorischen CO-PA bauen lässt.

Im Gastbeitrag zur »Zukunft von CO-PA unter SAP S/4 HANA« erläutert Martin Munzel, welche Auswirkungen der Umstieg auf das neue Kernprodukt der SAP für das Rechnungswesen mit sich bringt und warum der seitens der SAP vollzogene Paradigmenwechsel zum buchhalterischen CO-PA nicht unbedingt bedeutet, dass Sie auf Ihre lieb gewonnene kalkulatorische Ergebnisrechnung verzichten müssen.

Danksagung

Bei der Erstellung dieses Buches haben wir vielfältige Unterstützung erfahren, für die wir uns an dieser Stelle bedanken.

Zuerst gilt unser Dank Christophs Frau Nina und Stefans Frau Karin sowie Sohn Jan Lukas, die sehr viel Geduld und Verständnis aufbrachten, wenn wir mal wieder »abwesend« waren und über das nächste Kapitel nachdachten.

Ferner danken wir Espresso Tutorials-Geschäftsführer Martin Munzel, der uns die Veröffentlichung unserer Erfahrungen ermöglicht und mit seinem Gastbeitrag zur Zukunft des CO-PA unter SAP S/4 HANA unser Buch bereichert hat.

Unser Dank geht ebenso an die Lektorin Anja Achilles, die sich unermüdlich in das für sie neue Thema eingearbeitet hat und uns immer wieder wichtige Hinweise gab, die dieses Praxishandbuch verständlich gemacht haben.

Letztendlich bedanken wir uns bei allen Mitarbeitern des Verlags Espresso Tutorials, die viel Engagement bei der »handwerklichen« Erstellung dieses Buches aufgebracht haben.

Im Text verwenden wir Kästen, um wichtige Informationen besonders hervorzuheben. Jeder Kasten ist zusätzlich mit einem Piktogramm versehen, das diesen genauer klassifiziert:

Hinweis

Hinweise bieten praktische Tipps zum Umgang mit dem jeweiligen Thema.

Warnung

Warnungen weisen auf mögliche Fehlerquellen oder Stolpersteine im Zusammenhang mit einem Thema hin.

Zum Abschluss des Vorworts noch ein Hinweis zum Copyright: Sämtliche in diesem Buch abgedruckten Screenshots unterliegen dem Copyright der SAP SE. Alle Rechte an den Screenshots liegen bei der SAP SE. Der Einfachheit halber haben wir im Rest des Buches darauf verzichtet, darauf unter jedem Screenshot gesondert hinzuweisen.

1 Unsere Voraussetzungen für die Beschreibung des logistischen Verkaufs- und Produktionsprozesses

Für die Beschreibung eines logistischen Verkaufs- und Produktionsprozesses sind einige Voraussetzungen zu Beginn zu benennen, um Wiederholungen zu vermeiden und um auf gemachte Definitionen zurückgreifen zu können.

Zu diesen Voraussetzungen gehören:

- *Organisationsstruktur*: Wie bilden wir unser Unternehmen in SAP ab?
- GuV-Struktur im Finanzwesen: Wie sieht unser *Bilanzschema* in SAP aus? (wobei der Fokus auf der GuV liegt)
- Deckungsbeitragsstruktur im *CO-PA*: Welche *Wertfelder* haben wir zur Abbildung unserer DB-Struktur in CO-PA definiert?
- Materialien: Wie definieren wir für ein Fertigprodukt und zwei Rohstoffe die entsprechenden *Materialstammdaten* mit den relevanten Feldern?
- *Standardkalkulation*: Wie erstellen wir eine Standardkalkulation und ermitteln somit die Herstellkosten für unser Fertigprodukt?

Da das Hauptaugenmerk unseres Buches darauf liegt, die Werteflüsse von logistischen und produktionstechnischen Prozessen im Finanzwesen, Controlling und der Ergebnisrechnung abzubilden und herzuleiten, werden wir bei den Voraussetzungen auch nur auf die von uns benötigten Einstellungen eingehen. Wir werden allerdings nicht jedes Mal zeigen, wie Sie diese im Detail vornehmen. Das würde den Rahmen dieses Buches sprengen.

1.1 Organisatorische Voraussetzungen

1.1.1 Organisationsstrukturen unseres SAP-Systems

In unserem SAP ERP bildet die Organisationsstruktur das Rückgrat des Systems. Alle Einstellungen, die für die Abbildung von Prozessen gemacht werden, basieren darauf. Deswegen wollen wir Ihnen unsere Organisationstruktur, die wir zur Beschreibung des Werteflusses verwenden, in Abbildung 1.1 vorstellen.

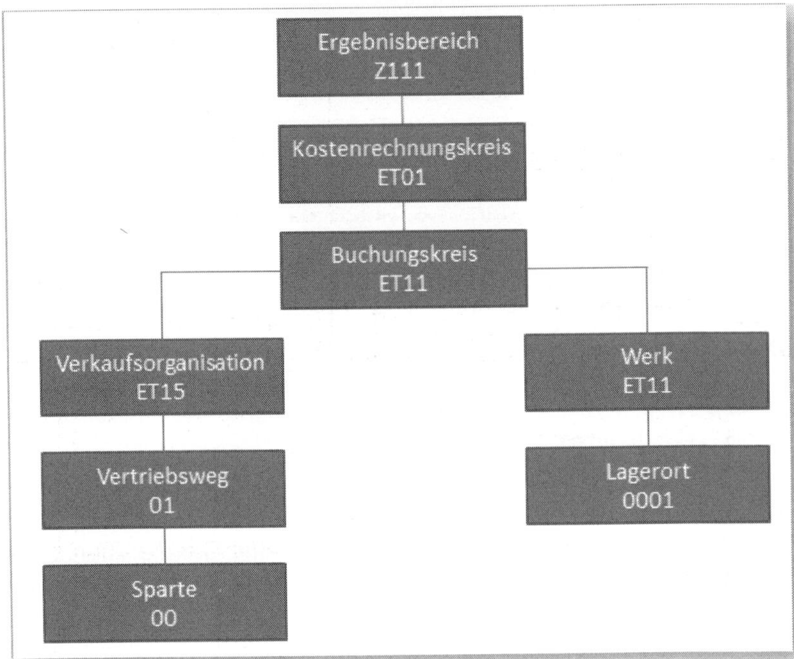

Abbildung 1.1: Organisationsstruktur

Wir starten unseren Prozess in dem Moment, in dem ein Kunde einen Auftrag für unser Fertigprodukt platziert. Hierfür legen wir einen Kundenauftrag in der *Verkaufsorganisation* `ET15` mit dem *Vertriebsweg* `01` und der *Sparte* `00` an. Anschließend werden wir das Produkt im

Werk `ET11` herstellen, im *Lagerort* `0001` einlagern, an den Kunden liefern und eine Rechnung erstellen.

Da während dieser logistischen Prozesse Werteflüsse in das Finanzwesen und Controlling stattfinden, haben wir den *Buchungskreis* `ET11` angelegt und diesen dem *Kostenrechnungskreis* `ET01` zugeordnet. Um schließlich Werte nach CO-PA überleiten zu können, haben wir unseren Kostenrechnungskreis dem *Ergebnisbereich* `Z111` zugeordnet.

Somit stellen wir sicher, dass wir unseren Prozess logistisch und produktionstechnisch durchspielen, um parallel die entsprechenden Werte ins **Finanzwesen**, **Controlling** und die **Ergebnisrechnung** (als Unterbaustein des Controllings) überleiten zu können.

Organisationsstruktur

Machen Sie sich in diese Seite ein Eselsohr: In unserem späteren Durchlauf werden wir immer wieder Organisationseinheiten aus dieser Organisationsstruktur verwenden.

1.1.2 Verkürzte GuV-Struktur für unseren Wertefluss

Eine Bilanz- und GuV-Struktur wird über ein *Bilanzschema* im SAP-System angelegt. Das Bilanzschema wird im Customizing unter dem Menüpfad SPRO • FINANZWESEN (NEU) • HAUPTBUCHHALTUNG • STAMMDATEN • SACHKONTEN • BILANZ-/GUV-STRUKTUREN definiert.

Wir verwenden die von uns hinterlegte *Bilanz-/GuV-Struktur* `ET11`.

Für unseren Wertefluss haben wir uns für eine verkürzte Darstellung der GuV entschieden, um die Analyse im weiteren Verlauf des Buches besser darstellen zu können (siehe Abbildung 1.2).

GuV	
Umsatz	
	Umsatzerlöse
	Erlösschmälerungen
Bestandsveränderungen	
	WE Fertige Erzeugnisse
	WA Fertige Erzeugnisse
	Produktionsabweichung
Materialaufwand	
	Verbrauch Rohstoffe
	MGK
Personalaufwand	
	Personalstunden
	FGK
	Löhne Produktion
	Gehalt Prod.Ltg.
	Löhne Einkauf
Sonstiges	
	Umlage CCA->CO-PA
Ergebnis	

Abbildung 1.2: Verkürzte GUV-Struktur

Dabei soll `WE` für Wareneingang, `WA` für Warenausgang, `MGK` für Materialgemeinkostenzuschlag und `FGK` für Fertigungsgemeinkostenzuschlag stehen.

Diese verkürzte GuV-Struktur werden wir während unseres Prozessdurchlaufs mit Werten füllen.

1.1.3 Deckungsbeitragsstruktur für unseren Wertefluss

Auch für die Beschreibung unseres Werteflusses verwenden wir eine verkürzte Deckungsbeitragsstruktur, wie Abbildung 1.3 zeigt.

DB-Struktur
Bruttoumsatz
Rabatte
Fakturaumsatz
Kosten des Warenausgangs
Produktionsabw.
Materialeinsatz
MGK
Fertigungskosten
FGK
Deckungsbeitrag
Umlagen
Ergebnis

Abbildung 1.3: Deckungsbeitragsstruktur

Die Deckungsbeitragsstruktur wird im Reporting des SAP-Moduls CO-PA definiert. In der kalkulatorischen Form des CO-PA wird sie mithilfe von Wertfeldern dargestellt. *Wertfelder* und *Merkmale* sind die Stammdaten, die im CO-PA geführt werden. Die Zeilen der Deckungsbeitragsstruktur werden als Wertfelder (das sind Felder, die Werte aufnehmen) oder Summen von Wertfeldern definiert, Zwischensummen als Formeln im CO-PA-Reporting angelegt.

1.1.4 Gegenüberstellung GuV und Deckungsbeitragsstruktur

Am Ende jedes Kapitels, das Buchungsvorgänge oder Vorgänge beschreibt, die zur Abstimmung zwischen FI und CO erforderlich sind, finden Sie ein Übersichtsbild, das die in den Abschnitten 1.1.2 und 1.1.3 beschriebenen Strukturen gegenüberstellt und die Vorgänge hervorhebt, die in dem jeweiligen Kapitel beschrieben wurden.

Die noch ungefüllte Ursprungsübersicht finden Sie in Abbildung 1.4, während Abbildung 1.5 dieselbe Gegenüberstellung von GuV und DB-Struktur zeigt, aber inklusive aller Konten und Kostenarten, die im Laufe unserer Prozessbeschreibung bebucht werden.

Finanzwesen (FI)		Controlling				
		Kostenstelle	Fertigungs-auftrag	Ergebnisobjekt (CO-PA)		
GuV	Wert	Wert	Wert	DB-Struktur	Ist-Wert	Kalk. Werte
Umsatz						
Umsatzerlöse				Bruttoumsatz		
Erlösschmälerungen				Rabatte		
Bestandsveränderungen				Fakturaumsatz	0	
WE Fertige Erzeugnisse						
WE Fertige Erzeugnisse						
WA Fertige Erzeugnisse				Kosten des WA		
Produktionsabweichung				Produktionsabw.		
Materialaufwand						
Verbrauch Rohstoffe				Materialeinsatz		
MGK				MGK		
Personalaufwand						
Personalstunden				Fertigungskosten		
FGK				FGK		
Löhne Produktion						
Gehalt Prod.Ltg.				Deckungsbeitrag	0	
Löhne Einkauf						
Sonstiges						
Umlage CCA->CO-PA				Umlagen		
Ergebnis	0	0	0	Ergebnis	0	

Abbildung 1.4: Gegenüberstellung GuV – DB-Struktur

Finanzwesen (FI)		Controlling				
		Kostenstelle	Fertigungs-auftrag	Ergebnisobjekt (CO-PA)		
GuV	Wert	Wert	Wert	DB-Struktur	Ist-Wert	Kalk. Werte
Umsatz						
Umsatzerlöse				Bruttoumsatz		
Konto 600000				KA 600000 Typ 11		
Erlösschmälerungen				Rabatte		
Konto 600001				KA 600001 Typ 12		
Bestandsveränderungen				Fakturaumsatz	0	
WE Fertige Erzeugnisse						
Konto 711111			KA 711111 Typ 1			
BV WIP						
Konto 791111			KA 791111 Typ 1			
WA Fertige Erzeugnisse				Kosten des WA		
Konto 893015				(VPRS)		
Produktionsabweichung				Produktionsabw.		
Konto 722222			KA 722222 Typ 1	KA 722222 Typ 1		
Materialaufwand						
Verbrauch Rohstoffe				Materialeinsatz		
Konto 733331			KA 733331 Typ 1			
Konto 733332			KA 733332 Typ 1			
MGK				MGK		
		KA 941111 Typ 41	KA 941111 Typ 41			
Personalaufwand						
Personalstunden				Fertigungskosten		
		KA 943111 Typ 43	KA 943111 Typ 43			
FGK				FGK		
		KA 941222 Typ 41	KA 941222 Typ 41			
Löhne Prod./Einkauf						
Konto 744444		KA 744444 Typ 1				
Gehalt Prod.Ltg.				Deckungsbeitrag	0	
Konto 755555		KA 755555 Typ 1				
Sonstiges						
Umlage CCA->CO-PA				Umlagen		
		KA 942555 Typ 42		KA 942555 Typ 42		
Ergebnis	0	0	0	Ergebnis	0	

Abbildung 1.5: Übersicht FI/CO/CO-PA inkl. Konten

Die GuV-Konten sind i. d. R. gleichzeitig Primärkostenarten im Controlling, dagegen gelten sekundäre Kostenarten ausschließlich im Controlling.

Welche Bedeutung die in diesem Buch benutzten Konten/Kostenarten haben, erläutert Abbildung 1.6.

Finanzwesen		Controlling				
Konto	Kontobezeichnung	Kostenart	Kostenartbezeichnung	Kostenartenart	Kostenartentyp	Kostenartentyp-Bezeichnung
600000	Umsatzerlöse Inland	600000	Umsatzerlöse Inland	primär	11	Erlöse
600001	Erlösschmälerungen	600001	Erlösschmälerungen	primär	12	Erlösschmälerung
711111	Wareneing.Produktion	711111	Wareneing.Produktion	primär	1	Primärkosten
791111	Bestandsveränderung WIP	791111	Bestandsveränderung WIP	primär	1	Primärkosten
893015	Herstellkosten des Umsatzes					
722222	Preisdifferenzen	722222	Preisdifferenzen	primär	1	Primärkosten
733331	Verbr. Rohstoffe 1	733331	Verbr. Rohstoffe 1	primär	1	Primärkosten
733332	Verbr. Rohstoffe 2	733332	Verbr. Rohstoffe 2	primär	1	Primärkosten
		941111	Zuschlag Material	sekundär	41	Gemeinkostenzuschläge
		943111	Personal Stunden	sekundär	43	Verrechnung Leistungen/Prozesse
		941222	Zuschlag Fertigung	sekundär	41	Gemeinkostenzuschläge
744444	Fertigungs-Loehne	744444	Fertigungs-Loehne	primär	1	Primärkosten
755555	Gehälter	755555	Gehälter	primär	1	Primärkosten
		942555	Umlage COPA	sekundär	42	Umlage

Abbildung 1.6: Konten-/Kostenartenübersicht

Zu Beginn unserer Gegenüberstellung der GuV mit der Deckungsbeitragsrechnung gehen wir davon aus, dass erste Aufwandsbuchungen in der Periode bereits erfolgt sind. Diese GuV-Konten wurden gleichzeitig als *Kostenart* vom Typ `1` (*Primärkostenart*) angelegt, sodass sie auch für CO gültig sind. Daher ist für sie eine *kostenrechnungsrelevante Kontierung* erforderlich – wir haben dazu jeweils eine Kostenstelle verwendet. Wir legen folgende Aufwandsbuchungen zugrunde:

- `Löhne Produktion` (Konto 744444) auf Kostenstelle KS1 in Höhe von `1.500 EUR`,
- Gehälter der Produktionsleitung (`Gehalt Prod.Ltg.`) (Konto 755555) auf Kostenstelle KS4 in Höhe von `1.000 EUR`,
- `Löhne Einkauf` (Konto 744444) auf Kostenstelle KS3 in Höhe von `1.000 EUR`.

In Abbildung 1.7 sehen Sie die daraus folgende Übersicht FI/CO/CO-PA zum Start unseres Beispiels.

Finanzwesen (FI)		Controlling				
		Kostenstelle	Fertigungsauftrag	Ergebnisobjekt (CO-PA)		
GuV	Wert	Wert	Wert	DB-Struktur	Ist-Wert	Kalk. Werte
Umsatz						
Umsatzerlöse				Bruttoumsatz		
Erlösschmälerungen				Rabatte		
Bestandsveränderungen				Fakturaumsatz	0	
WE Fertige Erzeugnisse						
WE Fertige Erzeugnisse						
WA Fertige Erzeugnisse				Kosten des WA		
Produktionsabweichung				Produktionsabw.		
Materialaufwand						
Verbrauch Rohstoffe				Materialeinsatz		
MGK				MGK		
Personalaufwand						
Personalstunden				Fertigungskosten		
FGK				FGK		
Löhne Produktion	1.500	1.500				
Gehalt Prod.Ltg.	1.000	1.000		Deckungsbeitrag	0	
Löhne Einkauf	1.000	1.000				
Sonstiges						
Umlage CCA->CO-PA				Umlagen		
Ergebnis	3.500	3.500	0	Ergebnis	0	

Abbildung 1.7: Start Übersicht FI/CO/CO-PA

Ohne dass der logistische Verkaufs- und Produktionsprozess begonnen hat, haben wir bereits Aufwände in Höhe von `3.500 EUR` gebucht. Hoffen wir nun, dass im Laufe unserer Beschreibung des Werteflusses noch einige positive Vorgänge gebucht werden, damit wir zum Periodenende nicht einen Fehlbetrag von `3.500 EUR` ausweisen müssen.

1.2 Die Standardmaterialkalkulation

Um eine *Standardmaterialkalkulation* für unser zu produzierendes Fertigprodukt erstellen zu können, müssen die *Artikelstammdaten* des Fertigproduktes und der für dessen Herstellung erforderlichen Bestandteile korrekt gepflegt sein.

In einem integrierten ERP-System sollte die Bedeutung von korrekt gepflegten Stammdaten jedem bewusst sein, denn durch diese Einstellungen werden im System Prozesse gesteuert, und viele unterschiedliche Module greifen auf die gleichen Informationen dieser Stammdaten zu.

Deswegen widmen wir uns im folgenden Abschnitt zuerst einmal den Artikelstammdaten.

1.2.1 Artikelstammdaten

Allgemeine Definition von Artikelstammdaten

Für jede Abteilung werden sogenannte *Sichten* zu einem Material angelegt. Diese können sodann von jeder Abteilung entsprechend ihren eigenen Bedürfnissen gepflegt werden.

Für unseren Wertefluss legen wir drei Materialien im System an:

- Unser `Verkaufsprodukt` (`FERT1`), das wir selbst herstellen und verkaufen wollen, sowie
- zwei `Rohstoffe` (`ROH1` und `ROH2`), die wir in der Herstellung unseres Produktes verwenden werden.

Wie schon bei der GuV-Struktur konzentrieren wir uns bei unseren Materialien auf die Sichten und Felder, die für unseren Wertefluss nötig und interessant sind:

- **Materialnummer, Materialkurztext, Basismengeneinheit**
  Die *Materialnummer* ist der Schlüssel, der unser Produkt im SAP-System eindeutig definiert. Der *Materialkurztext* ist die sprechende Beschreibung unseres Produktes. Die *Basismengeneinheit* stellt die Einheit dar, in der die Bestände im SAP-System geführt werden.

- **Beschaffungsart**
  Über die *Beschaffungsart* definieren wir, ob das Produkt in unserem Unternehmen produziert (E) oder bei Lieferanten eingekauft wird (F). Das Beschaffungskennzeichen wird gleich im nächsten Kapitel interessant, wenn wir über die Standardkalkulation für unser selbst hergestelltes Verkaufsprodukt sprechen.
- **Bewertungsklasse**
  Die *Bewertungsklasse* bestimmt die Sachkonten, die bspw. bei einer Warenbewegung bebucht werden. Sie muss dafür im Customizing (Transaktion `OBYC`) für die entsprechenden Vorgänge den jeweiligen Sachkonten zugeordnet werden. Wir werden während unseres Werteflusses immer wieder auch auf die Transaktion `OBYC` zu sprechen kommen, um an den einzelnen logistischen oder produktionstechnischen Vorgängen genau zu erklären, warum das entsprechende Konto für die jeweilige Buchung genutzt wird.
- **Preissteuerung**
  Die *Preissteuerung* gibt an, wie der Bestand eines Materials bewertet werden soll: entweder mit dem Standardpreis (S) oder mit dem gleitenden Durchschnittspreis (V).
  - Der *S-Preis* stellt einen festen Preis dar, der sich weder bei Warenbewegungen noch bei der Erfassung von Rechnungen ändert. Er sollte immer für selbst hergestellte Produkte eingestellt werden. Der S-Preis wird über die Materialkalkulation ermittelt, auf die wir im nächsten Abschnitt genauer eingehen werden.
  - Der *V-Preis*, auch *gleitender Durchschnittspreis* genannt, kann sich dagegen mit jeder Wareneingangsbewegung oder Rechnungserfassung ändern. Er ergibt sich immer aus dem gesamten Materialwert geteilt durch den Materialbestand und sollte stets für fremdbeschaffte Produkte eingestellt werden.
- **Bereich »Plankalkulation«**
  In der Kalkulationssicht ist der Bereich *Plankalkulation* wichtig für unser Fertigprodukt. Wie sich diese Plankalkulationsfelder befüllen, werden wir ebenfalls im nächsten Kapitel genauer betrachten.

Anlage der relevanten Materialstammdaten zur Beschreibung unseres logistischen Verkaufs- und Produktionsprozesses

Drei Materialien spielen im weiteren Verlauf dieses Buches eine wesentliche Rolle:

- **FERT1 – Fertigprodukt 1**

Unser einziges Fertigprodukt, das wir verkaufen wollen, haben wir im Werk `ET11` mit der Materialnummer `FERT1` angelegt. Der Materialtext lautet `Fertigprodukt 1`. Die Basismengeneinheit ist `Stück` und die Bewertungsklasse `7920`. Die Preissteuerung steht auf `S`. Da wir dieses Produkt selbst herstellen wollen, lautet das Beschaffungskennzeichen `E` wie »Eigen«.

- **ROHSTOFF 1** und
- **ROHSTOFF 2**

Unsere Rohstoffe haben wir im Werk `ET11` mit den Materialnummern `ROHSTOFF 1` und `ROHSTOFF 2` angelegt. Die Basismengeneinheit ist jeweils `Stück`. Die Bewertungsklasse lautet `3000` bzw. `3001`. Die Preissteuerung steht jeweils auf `V` (gleitender Durchschnittspreis).

Diese Rohstoffe beschaffen wir extern und haben deswegen das Beschaffungskennzeichen auf `F` (für »Fremd«) gesetzt.

Materialstammdaten können wir uns in SAP mit der Transaktion `MM03` ansehen, angelegt werden sie mit der Transaktion `MM01`.

1.2.2 Die Materialkalkulation

Wie schon in der Einleitung erwähnt, wollen wir in diesem Abschnitt nicht explizit erklären, wie eine Materialkalkulation mit all ihren Feinheiten erstellt wird. Uns ist an dieser Stelle einzig wichtig, die Materialkalkulationsbestandteile zur Kalkulation unseres Fertigproduktes `FERT1` zu beschreiben, die wir als Voraussetzung für unseren zu beschreibenden Wertefluss benötigen.

Die Materialkalkulation beantwortet uns die wichtige Frage: »Was kostet uns das herzustellende Produkt?«

Angelegt wird sie mit der Transaktion `CK11N`, mit der Transaktion `CK13N` können wir uns eine bereits erstellte Materialkalkulation anzeigen lassen.

Für unser Fertigprodukt `FERT1` haben wir eine erste Materialkalkulation erstellt, aus der sich ein Wert von `1.650 EUR` ergibt (siehe Abbildung 1.8).

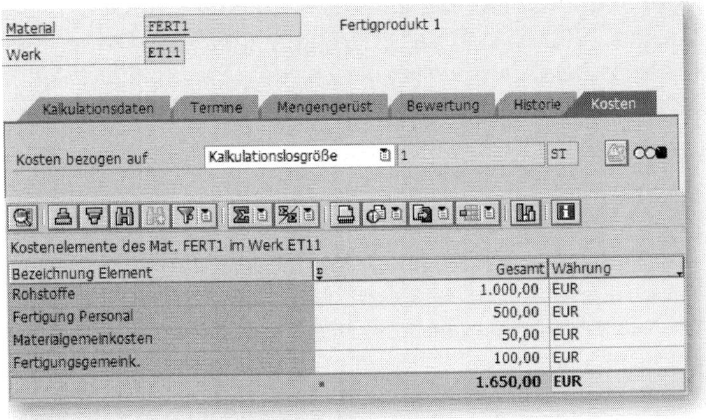

Abbildung 1.8: Standardkalkulation

Wie kommt dieser Kalkulationswert zustande? Auf den folgenden Seiten wollen wir uns die Herleitung etwas genauer ansehen.

Kostenelement ROHSTOFFE

Beginnen wir mit dem Kostenelement »*Rohstoffe*«. Dazu werden die für die Herstellung unseres Fertigproduktes erforderlichen Mengen an Rohmaterialien mit den jeweiligen Preisen bewertet, die in den Materialstämmen der Rohstoffe hinterlegt sind.

Die *Stückliste* definiert, welche Rohstoffe in welcher Quantität verwendet werden. Zur Herstellung unseres fiktiven Fertigproduktes werden ein Stück des `Rohstoffes 1` und zwei Stück des `Rohstoffes 2` benötigt.

Dementsprechend haben wir für unser Fertigprodukt die in Abbildung 1.9 gezeigte Stückliste angelegt.

Stücklisten können wir uns mit der Transaktion `CS03` anzeigen lassen, angelegt werden sie mit der Transaktion `CS01`.

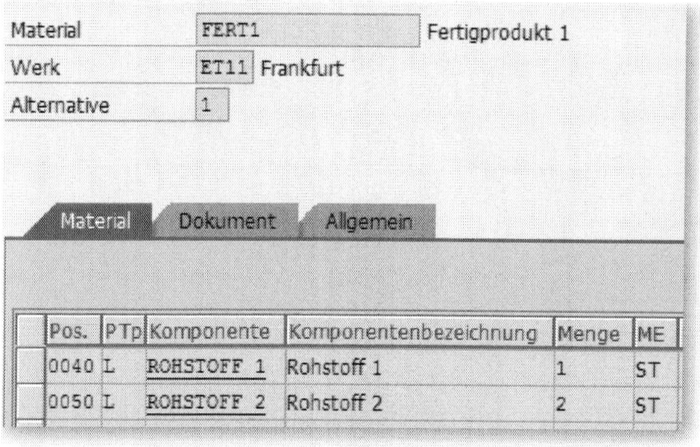

Abbildung 1.9: Stückliste FERT1

`Rohstoff 1` haben wir für `400 EUR` pro Stück eingekauft, `Rohstoff 2` für `300 EUR` pro Stück (siehe Abbildung 1.10 und Abbildung 1.11).

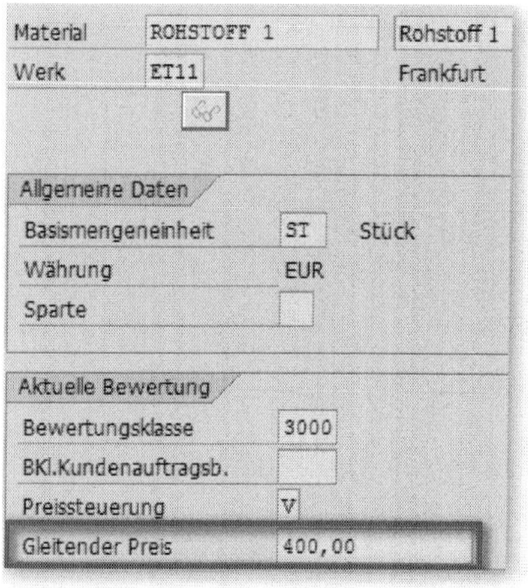

Abbildung 1.10: ROHSTOFF 1

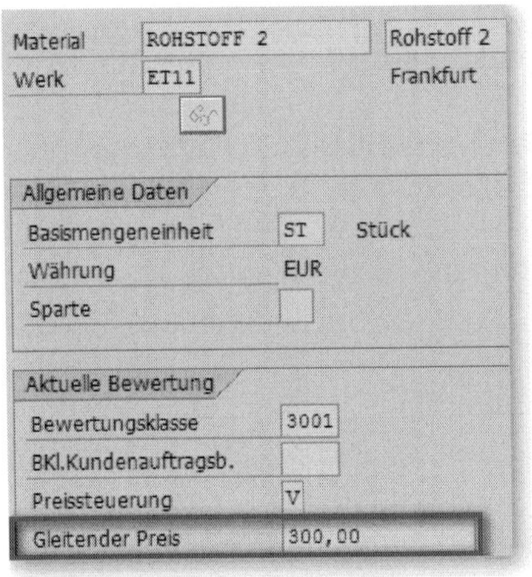

Abbildung 1.11: ROHSTOFF 2

Unter der Annahme, dass wir vorher noch keinen Bestand der jeweiligen Rohstoffe auf Lager hatten, ergibt sich ein gleitender Durchschnittspreis von `400` bzw. `300 EUR`, der in der Buchhaltungssicht 1 des jeweiligen Artikelstamms hinterlegt ist.

Daraus resultiert für das Kostenelement »Rohstoffe« folgende Berechnung:

```
(1 Stück des Rohstoffes 1, bewertet mit 400 EUR) +
(2 Stück des Rohstoffes 2, bewertet mit 300 EUR)
= 1.000 EUR Kosten für Rohstoffe.
```

Kostenelement MATERIALGEMEINKOSTEN

Als nächstes Kostenelement betrachten wir die *Materialgemeinkosten*.

Sie dienen dazu, Kosten auf ein Produkt zu verrechnen, die z. B. mit der Beschaffung der Materialien zu tun haben, wie etwa die Kosten des Einkaufes. Dabei wird ein prozentualer Zuschlag auf eine Basis (z. B. Rohstoffkosten) erhoben.

Der Materialgemeinkostenzuschlagssatz errechnet sich aus der Division der Materialgemeinkosten (im Zähler) und der Materialeinzelkosten (im Nenner).

Das Ergebnis dieser Bezuschlagung wird als Materialgemeinkosten ausgewiesen.

Um Materialgemeinkosten ermitteln zu können, müssen wir ein *Kalkulationsschema* im Customizing unter

CONTROLLING • PRODUKTKOSTENCONTROLLING • PRODUKTKOSTENPLANUNG • GRUNDEINSTELLUNG FÜR DIE MATERIALKALKULATION • KALKULATIONSSCHEMATA

definieren (siehe Abbildung 1.12).

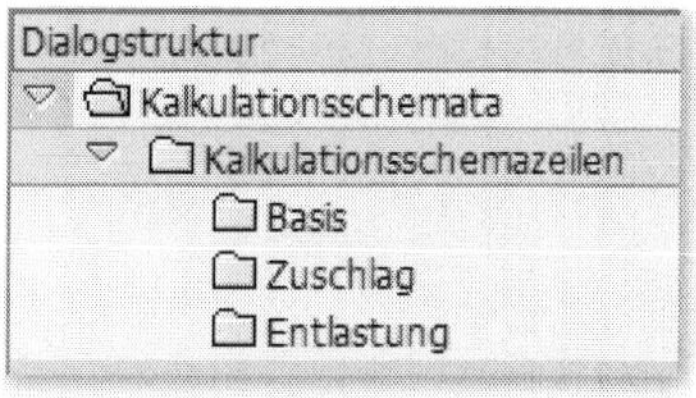

Abbildung 1.12: Bestandteile des Kalkulationsschemas

Das Kalkulationsschema haben wir ZZUSCH genannt. Für die Materialgemeinkosten haben wir für die Schemazeilen BASIS, ZUSCHLAG und ENTLASTUNG entsprechende Einträge vorgenommen.

Abbildung 1.13 zeigt die Einstellungen für unsere Kalkulation im Detail.

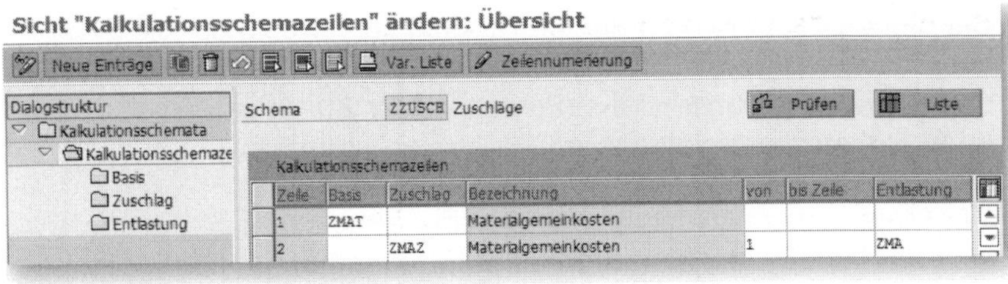

Abbildung 1.13: Kalkulationsschema MGK

- BASIS

Als Basis ZMAT haben wir die Verbrauchskonten unserer Rohstoffkonten definiert, die sich aus der *Kontenfindung* (OBYC) über die Bewertungsklassen ergeben.

In der Transaktion OBYC haben wir für Verbräuche von Rohstoffen der Bewertungsklasse 3000 das Konto 733331 Verbrauch Rohstoff 1 und für die Bewertungsklasse 3001 das Konto 733332 Verbrauch Rohstoff 2 hinterlegt (siehe Abbildung 1.14).

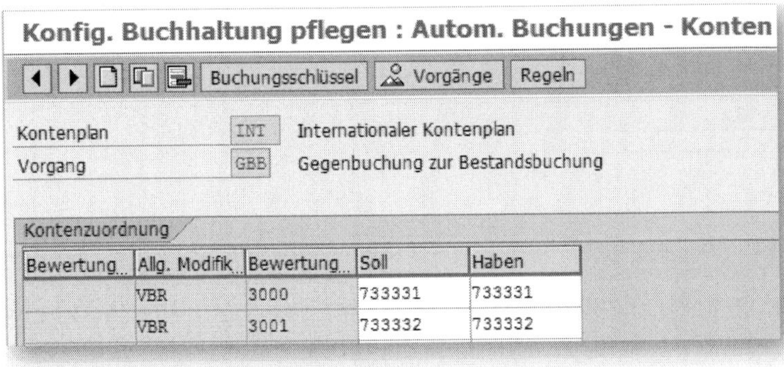

Abbildung 1.14: MM-Kontenfindung

Eben diese Konten haben wir als BERECHNUNGSBASIS ZMAT für den *Materialgemeinkostenzuschlag* hinterlegt (siehe Abbildung 1.15).

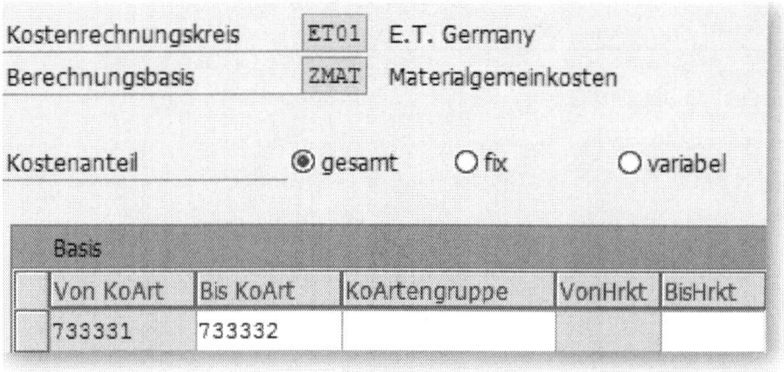

Abbildung 1.15: Basis für Materialgemeinkostenzuschlag

- ZUSCHLAG

Den Zuschlag ZMAZ haben wir auf 5,00 % festgesetzt (siehe Abbildung 1.16).

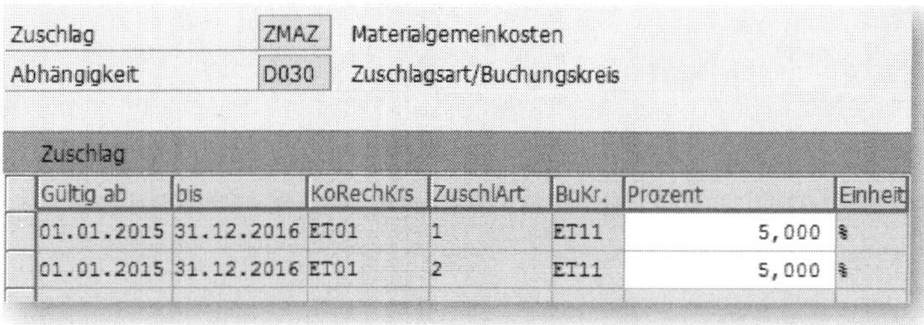

Abbildung 1.16: Materialgemeinkostenzuschlagssatz

Zuschlagsart

Bevor Sie sich fragen, warum es zwei Zeilen gibt, hier die kurze Erklärung: Die Zuschlagsart wird in 1 für »Ist-Zuschlag« und 2 für »Plan-Zuschlag« unterschieden. Wir könnten also für Ist- und Planzuschläge unterschiedliche Prozentsätze angeben, was für unser Beispiel aber nicht vorgesehen ist.

- ENTLASTUNG

Die ENTLASTUNG definiert die zu entlastende *Kostenstelle* (in unserem Beispiel die EinkaufsKOSTENSTELLE KS3) sowie die *Kostenart*, mit der die *Entlastung* auf der Kostenstelle und die *Belastung* auf unserem Produkt verbucht werden soll, in unserem Fall die Kostenart 941111 (Zuschlag Material) (siehe Abbildung 1.17).

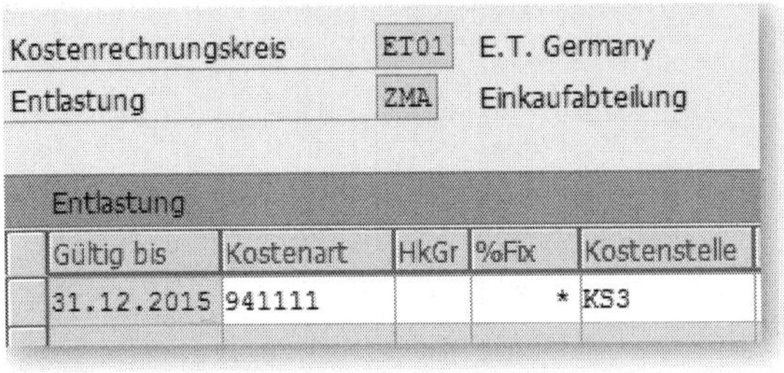

Abbildung 1.17: Entlastung Materialgemeinkosten

Damit haben wir festgelegt, dass die Kostenstelle KS3 um einen Teil der Kosten entlastet wird. Das fertige Produkt FERT1 wird mit diesen Kosten belastet.

Kostenartentyp

Wir haben als Kostenart die 941111 mit dem *Kostenartentyp* 41 angelegt. Der Kostenartentyp legt fest, für welche Vorgänge im Controlling die jeweiligen Kostenarten verwendet werden. Kostenartentyp 41 ist der Vorgang für die Gemeinkostenzuschläge.

Somit ergibt sich folgende Berechnung für das Kostenelement »Materialgemeinkosten«:

```
Basis Rohstoffe 1.000 EUR * Zuschlagssatz 5 %
= 50 EUR Materialgemeinkosten
```

Kostenelement FERTIGUNG PERSONAL

Gehen wir zurück zur Materialkalkulation für unser Verkaufsprodukt FERT1 in Abbildung 1.8 und betrachten das Kostenelement »Fertigung Personal« etwas genauer.

Diese Fertigungskosten ergeben sich aus den geleisteten Arbeitsstunden und dem für eine Arbeitsstunde hinterlegten *Tarif*. Dieser ist nichts anderes als der Preis, den wir für eine Arbeitsstunde zur Fertigung unseres Produktes bezahlen müssen, und leitet sich aus der Tarifplanung ab, während sich die zu leistenden Arbeitsstunden aus Informationen im *Arbeitsplan* ergeben.

Über den *Arbeitsplatz* legen wir fest, wo unser Produkt gefertigt wird. Für unser Beispiel haben wir uns für einen reinen Personenarbeitsplatz entschieden (siehe Abbildung 1.18), an dem nur Personenstunden geleistet werden.

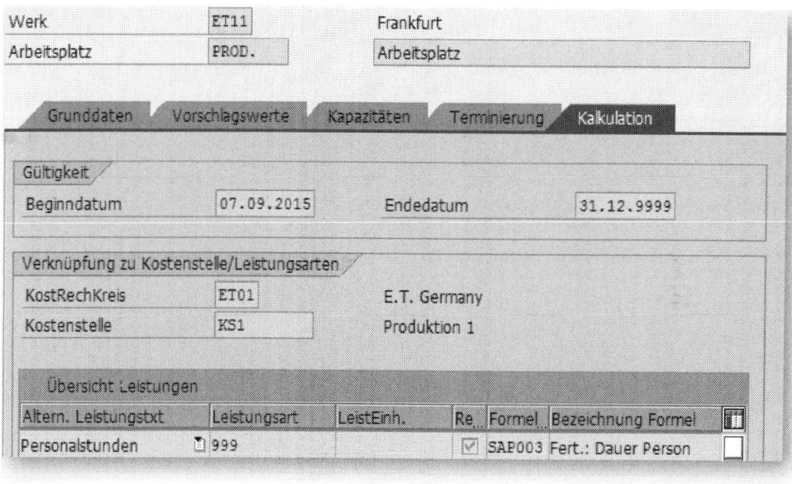

Abbildung 1.18: Arbeitsplatz FERT1

Unserem Arbeitsplatz haben wir die KOSTENSTELLE KS1 (Produktion 1) zugeordnet. Warum eine Kostenstelle? – Nun ja, an einem Arbeitsplatz arbeiten bspw. Mitarbeiter, die am Monatsende bezahlt werden müssen. Diese Lohnkosten werden auf diese Kostenstelle gebucht.

Einen Arbeitsplatz können wir uns mit der Transaktion `CR03` anschauen; angelegt wird ein Arbeitsplatz mit der Transaktion `CR01`.

Um die Kosten unserer Kostenstelle bzw. des Arbeitsplatzes am Ende des Tages auf unser Produkt verrechnen zu können, haben wir die *Leistungsart* `999 - Personalstunden` angelegt (siehe Abbildung 1.19) und der KOSTENART `943111` – `Personal Stunden` zugeordnet.

Kostenartentyp

Wir haben die Kostenart `943111` mit dem Kostenartentyp `43` angelegt. Dieser entspricht dem Vorgang für die Verrechnung `Leistungen/Prozesse`.

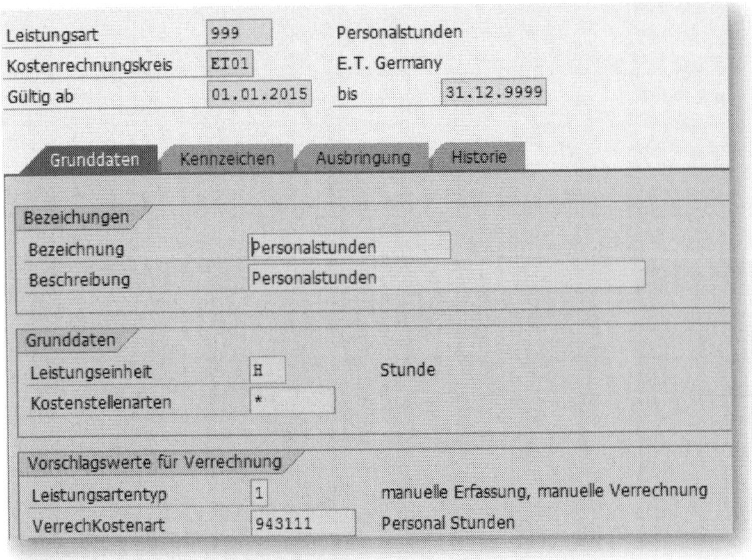

Abbildung 1.19: Leistungsart

Um zu definieren, wie viele Personenstunden wir für die Herstellung unseres Produktes benötigen, haben wir für unser Fertigprodukt einen *Arbeitsplan* angelegt (siehe Abbildung 1.20).

Einen Arbeitsplan können wir uns mit der Transaktion `CA03` anschauen, angelegt wird er mit der Transaktion `CA01`.

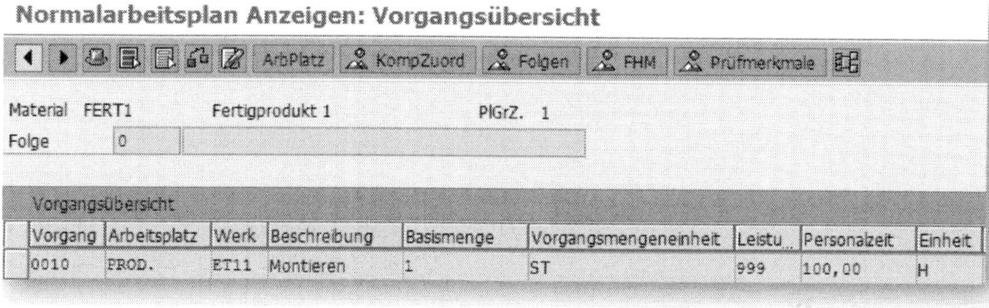

Abbildung 1.20: Arbeitsplan FERT1

Nach diesem Plan benötigt die Herstellung eines Stücks unseres Verkaufsproduktes also `100 Stunden` eines Arbeiters an dem ARBEITSPLATZ `PROD`. Wenn wir ein Stück des Fertigartikels produzieren, wird die Kostenstelle KS1 entlastet. Aber wo kommen nun die Kosten her?

Dazu benötigen wir einen Preis pro Arbeitsstunde (die Arbeitsstunde ist hier gleich der Leistungsart `999`), der mit der Anzahl an benötigten Stunden zur Herstellung eines Stückes unseres Verkaufsproduktes multipliziert wird. Diesen Preis, den bereits angesprochenen *Tarif*, müssen wir für die Kombination »Kostenstelle und Leistungsart« in der Tarifplanung hinterlegen, wie Abbildung 1.21 zeigt.

Die Tarifplanung führen wir mit der Transaktion `KP26` durch. Anzeigen lassen können wir uns die Tarifplanung mit der Transaktion `KP27`.

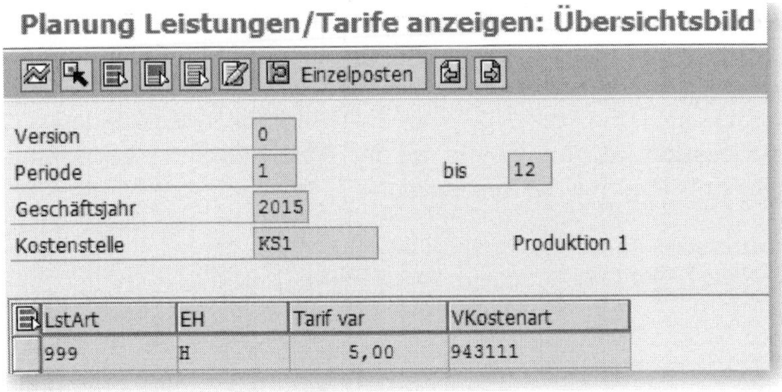

Abbildung 1.21: Tarifplanung

Tarifermittlung

Den Tarif ermittelt man normalerweise im Rahmen der jährlichen Budgetplanung. Hier legt man fest, was eine Kostenstelle in einer Periode zu leisten vermag, wie viele Personalstunden sie also abgibt, um Fertigprodukte herzustellen. Die gesamten Kosten dieser Kostenstelle dividiert man durch die verwendeten Stunden und erhält dann den Tarif, der alle Kosten der Kostenstelle auf die einzelnen Produkte während einer Periode verrechnet.

Die Kombination der Informationen aus »Arbeitsplatz«, »Arbeitsplan« und »Tarifplanung« ergeben zusammengefasst die Kosten der »Fertigung Personal«:

```
100 (Personal-)Stunden vom Arbeitsplatz PROD. laut
Arbeitsplan * 5 EUR pro Personalstunde aus der Tarif-
planung Kostenstelle KS1/Leistungsart 999 = 500 EUR
»Fertigung Personal«
```

Kostenelement FERTIGUNGSGEMEINKOSTEN

Zu guter Letzt beschäftigen wir uns nun mit dem Kostenelement *Fertigungsgemeinkosten* aus unserer Materialkalkulation (vgl. Abbildung 1.8). Dieses berechnen wir, wie schon beim Materialgemeinkostenzuschlag, über einen prozentualen, im Kalkulationsschema hinterlegten Zuschlag.

Der Fertigungsgemeinkostenzuschlagssatz ergibt sich aus dem Quotienten aus Fertigungsgemeinkosten (im Zähler) und Fertigungseinzelkosten (im Nenner).

Da wir das Kalkulationsschema bereits beschrieben haben, gehen wir nur kurz auf die spezifischen Einstellungen für den Fertigungsgemeinkostenzuschlag ein (siehe Abbildung 1.22).

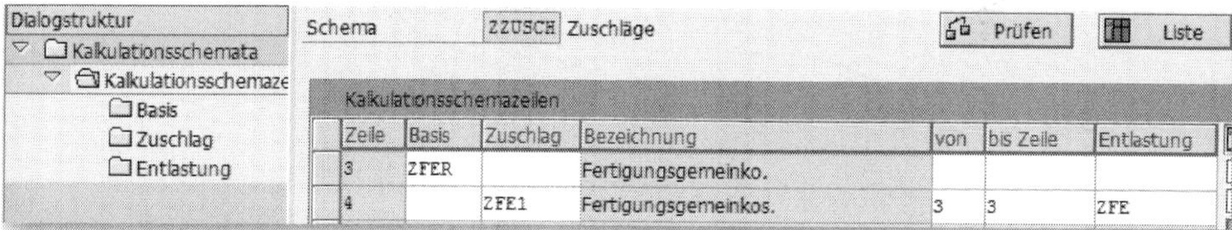

Abbildung 1.22: Kalkulationsschema FGK

- BASIS (siehe Abbildung 1.23)
  Als Basis haben wir unser Personalstundenverrechnungskonto `943111` (Personal Stunden) definiert.

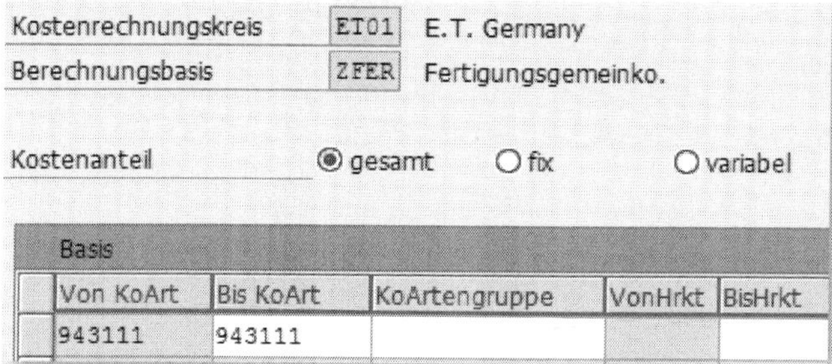

Abbildung 1.23: Basis für Fertigungsgemeinkostenzuschlag

- ZUSCHLAG (siehe Abbildung 1.24)
  Den Zuschlag haben wir auf `20,00 %` festgesetzt.

Zuschlag	ZFE1	Fertigungsgemeinkos.
Abhängigkeit	D000	Zuschlagsart

Zuschlag

Gültig ab	bis	KoRechKrs	ZuschlArt	Prozent	Einheit
01.01.2015	31.12.2016	ET01	1	20,000	%
01.01.2015	31.12.2016	ET01	2	20,000	%

Abbildung 1.24: Fertigungsgemeinkostenzuschlagssatz

- ENTLASTUNG (siehe Abbildung 1.25)
  Als Entlastungskostenstelle haben wir die KOSTENSTELLE `KS4` (Produktionsleitung) definiert. Als Zuschlagskostenart verwenden wir die KOSTENART `941222` (Zuschlag Fertigung), ebenfalls wieder mit dem Kostenartentyp `41` für Gemeinkostenzuschläge.

Kostenrechnungskreis	ET01	E.T. Germany
Entlastung	ZFE	Produktionsleitung

Entlastung

Gültig bis	Kostenart	HkGr	%Fix	Kostenstelle
31.12.2015	941222		*	KS4

Abbildung 1.25: Entlastung Fertigungsgemeinkosten

Somit ergeben sich folgende Fertigungsgemeinkosten bei der Kalkulation unseres Verkaufsproduktes »FERT1«:

```
Basis »Fertigung Personal« 500 EUR (im vorherigen
Abschnitt ermittelt) * Zuschlagssatz 20 % = 100 EUR
Fertigungsgemeinkosten
```

Damit haben wir alle vier Kostenelemente unserer Materialkalkulation erklärt.

Wenn Sie diese Materialkalkulation sichern, erhält sie den Status `KA` für »kalkuliert«. Sobald Sie mit der Transaktion `CK24` die Kalkulation vormerken, werden Sie den kalkulierten Wert in Höhe von `1.650 EUR` im zukünftigen Planpreis wiederfinden. Gehen Sie noch einen Schritt weiter und geben die vorgemerkte Kalkulation frei, wird der laufende Planpreis Ihres Produktes gefüllt.

Freigabe Materialkalkulation

Seien Sie vorsichtig! Mit der Freigabe der Kalkulation schreiben Sie auch den Standardpreis (S-Preis) in der Buchhaltungssicht 1 fort. Dieser Preis wird zur Bewertung Ihres Bestandes herangezogen, den Sie von Ihrem Verkaufsprodukt auf Lager haben. Sie bewerten also gleichzeitig den Bestand Ihres Produktes neu und buchen diesen Bestandswert automatisch in der Bilanz und GuV. Wenn Sie eine Materialkalkulation freigeben, sollten Sie sich immer bewusst sein, dass Sie den Lagerbestand Ihres Produktes neu bewerten. Je nachdem, wie groß dieser ist, kann dies zu erheblichen Bestandsveränderungsbuchungen führen, wenn Ihre Materialkalkulation von der vorherigen abweicht.

In unserem Beispiel haben wir uns aber getraut (siehe Abbildung 1.26), die Materialkalkulation für unser Fertigprodukt `FERT1` in das Feld STANDARDPREIS unseres Materials zu schreiben (wir haben schließlich noch nichts davon auf Lager).

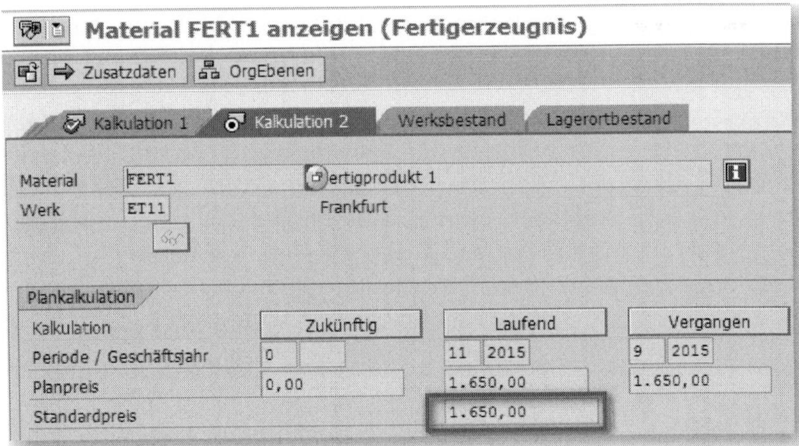

Abbildung 1.26: Standardpreis FERT1

Somit haben wir alle Voraussetzungen geschaffen, um unseren logistischen Verkaufs- und Produktionsprozess durchspielen zu können. Dieser besteht aus den folgenden Prozessschritten:

1. Kundenauftrag,
2. Fertigungsauftrag,
3. Lieferung inkl. Warenausgang zum Kunden,
4. Faktura,
5. Umlage CO-PA,
6. Ware in Arbeit (WIP).

Diese sechs Prozessschritte werden in den nächsten Kapiteln im Einzelnen beleuchtet.

2 Der Kundenauftrag

Setzen wir einmal voraus, unser konkurrenzfähiges Produkt ist am Markt bekannt und erfreut sich einer gewissen Nachfrage. Womit erfolgt nun in einem logistischen Verkaufs- und Produktionsprozess der Start des betriebswirtschaftlichen Ablaufs? Richtig: Aufgrund einer Anfrage, einem Angebot und einer eventuellen Verkaufsverhandlung platziert der Kunde einen *Kundenauftrag*, den wir in unserem SAP-ERP-System erfassen und abwickeln wollen.

Was passiert dabei alles in einem integrierten System? Der Kundenauftrag wird zunächst einmal im SAP-Modul Sales and Distribution (SD) bearbeitet. Es dient dem hauptsächlichen Ziel, einen Kundenauftrag im SAP-System zu erstellen, ihn ggf. auszudrucken und eine Auftragsbestätigung an den Kunden zu senden. Daneben finden aber noch weitere interessante Aspekte statt, die für das Rechnungswesen nicht ohne Bedeutung sind: Zum einen erfolgt eine *Preiskalkulation* des zu verkaufenden Produktes, weiterhin lassen sich mit der Sicherung des Kundenauftrages Einzelposten in die Ergebnisrechnung (CO-PA) schreiben, die wir für ein *Kundenauftragscontrolling* verwenden können. **Der Kundenauftrag löst aber noch keine Buchungen in der Bilanz oder in der Gewinn- und Verlustrechnung aus!** Allerdings werden mit ihm bereits wichtige Weichenstellungen für die spätere Verbuchung der Faktura im Finanzwesen (FI) und Controlling (CO) getroffen.

Wir wollen daher in diesem Kapitel folgende Schwerpunkte ansprechen:

- Wie findet das SAP-System die für den Kundenauftrag relevanten Preise und Konditionen, und wie folgt daraus eine Preiskalkulation?

- Liegen die Zeitpunkte des Kundenauftragseingangs und der späteren Rechnungsstellung weit auseinander? Die Beantwortung dieser Frage hat Einfluss darauf, ob wir Kundenauftragsdaten bereits in die Ergebnisrechnung übertragen oder erst mit der Faktura an die Ergebnisrechnung übermitteln wollen.
- Wollen wir Erlöse und Kosten auf unseren Kundenaufträgen sammeln, um sie dann später z. B. an die Ergebnisrechnung abzurechnen, oder übergeben wir die Erlöse, Rabatte und Boni sowie die kalkulatorischen Material- und Fertigungskosten direkt in die Ergebnisrechnung?

Die Schnittstelle des Moduls SD (Sales & Distribution) ist mit die wesentlichste, um Daten an die Ergebnisrechnung (CO-PA) zu übertragen. Dies verwundert nicht, da das CO-PA als Vertriebscontrollingtool konzipiert wurde, um Kundenauftragsdaten und später dann auch die entsprechenden Fakturadaten in die Ergebnisrechnung zu übernehmen.

Doch nicht jedes Unternehmen übernimmt Kundenauftragsdaten in seine Ergebnisrechnung; viele lassen nur Fakturadaten aus SD in CO-PA einfließen. Für Unternehmen, bei denen die Zeitpunkte des Kundenauftragseingangs und der Rechnungsstellung einige Zeit auseinanderliegen, empfiehlt sich aber auch das Übertragen der Kundenauftragsdaten. Zwei Argumente sprechen dafür: Zum einen können Sie schon am Auftragseingang erkennen, wie sich die betriebswirtschaftliche Lage Ihres Unternehmens entwickeln wird, und zum anderen können Sie die Kundenauftragsdaten dazu nutzen, ein *Auftragsbestandsreporting* in der Ergebnisrechnung aufzubauen. Wenn Sie später ebenfalls die Fakturadaten übernommen haben, können Sie aus der Subtraktion von Kundenauftrags- und Fakturadaten einen Auftragsbestand im Berichtswesen des CO-PA berichten – und das auf allen Merkmalen, die Sie mit dem Kundenauftrag oder der Faktura an die Ergebnisrechnung mitgeben.

Wenn Sie das Customizing für Ihre Kundenaufträge so steuern, dass diese keine Sammler von Erlösen und Kosten sind, haben Sie sogar die Möglichkeit, später Ihre Fakturadaten in Echtzeit an die Ergebnisrechnung zu übergeben. Im anderen Fall würde die Faktura die Daten erst an den Kundenauftrag zurückspielen, und dieser müsste wiederum an die Ergebnisrechnung abgerechnet werden. Je nachdem, wie oft Sie eine derartige Abrechnung vornehmen, kann dies möglicherweise wesentliche Erkenntnisse im Vertriebscontrolling verzögern, weil die erforderlichen Informationen zu spät bereitgestellt wurden.

2.1 Kundenauftrag anlegen

Wir erfassen nun einen Kundenauftrag im Modul SD des SAP-Systems mithilfe der Transaktion `VA01`. Dazu geben Sie eine *Verkaufsbelegart* sowie einen *Vertriebsbereich* ein und bestätigen. Ein Vertriebsbereich im SD besteht immer aus drei organisatorischen Merkmalen: Verkaufsorganisation, Vertriebsweg und Sparte. In unserem Beispielsystem benutzen wir die Verkaufsbelegart (AUFTRAGSART) `TA` sowie die VERKAUFSORGANISATION `ET15`, den VERTRIEBSBEREICH `01` und die SPARTE `00` (siehe Abbildung 2.1).

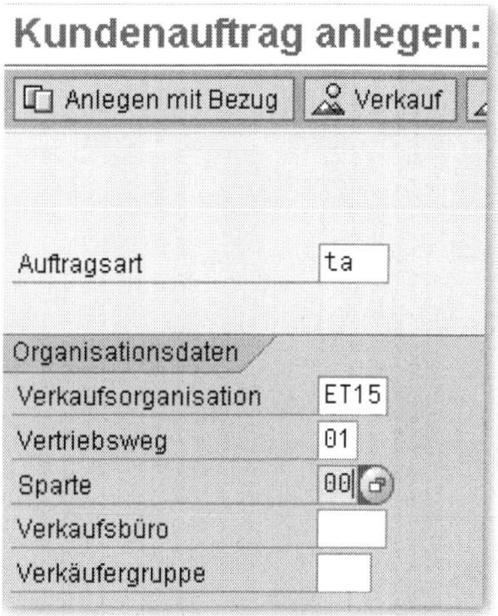

Abbildung 2.1: Einstieg Kundenauftrag anlegen

Wir erfassen für unseren Kunden `K1` einen Auftrag, über den er ein Stück unseres Verkaufsproduktes `FERT1` geordert hat. Abbildung 2.2 zeigt eine Übersicht mit den dazugehörigen Details.

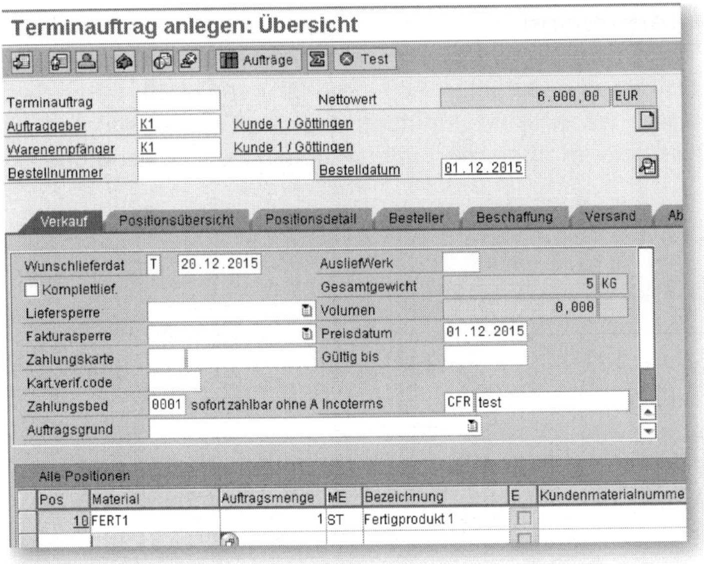

Abbildung 2.2: Übersicht Anlage Kundenauftrag

In der rechten oberen Ecke sehen Sie als NETTOWERT `6.000 EUR`. Wo hat das System diesen Wert gefunden? Im Reiter KONDITIONEN der Auftragsposition (siehe Abbildung 2.3) finden wir weitere Informationen, wie sich dieser Nettowert errechnet.

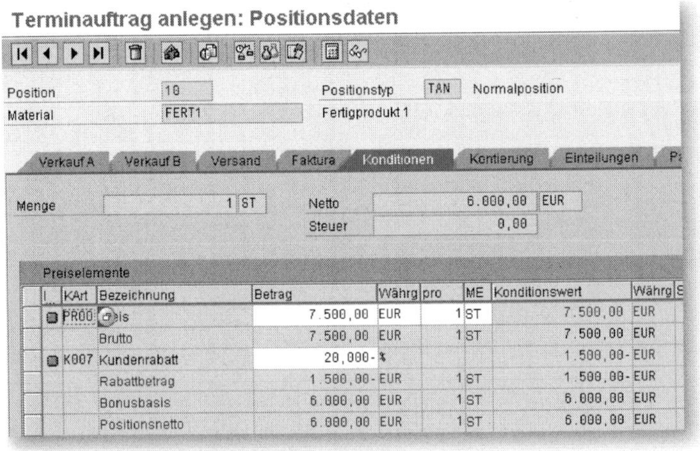

Abbildung 2.3: Konditionen der Kundenauftragsposition

2.2 SD-Preisfindung

Im Rahmen der Preisfindung wurden ein Bruttolistenpreis (Konditionsart PR00) in Höhe von 7.500 EUR (siehe Abbildung 2.4) und ein Kundenrabatt (K007) von 20,00 % (entspricht 1.500 EUR) (siehe Abbildung 2.5) ermittelt, sodass ein Fakturaumsatz in Höhe von 6.000 EUR zustande kommt.

Diese Preisfindung ist im SD-Customizing hinterlegt, die Preise und andere Konditionen sind in den Stammdaten des SD zu finden. Sie werden über die Transaktion VK11 erstellt:

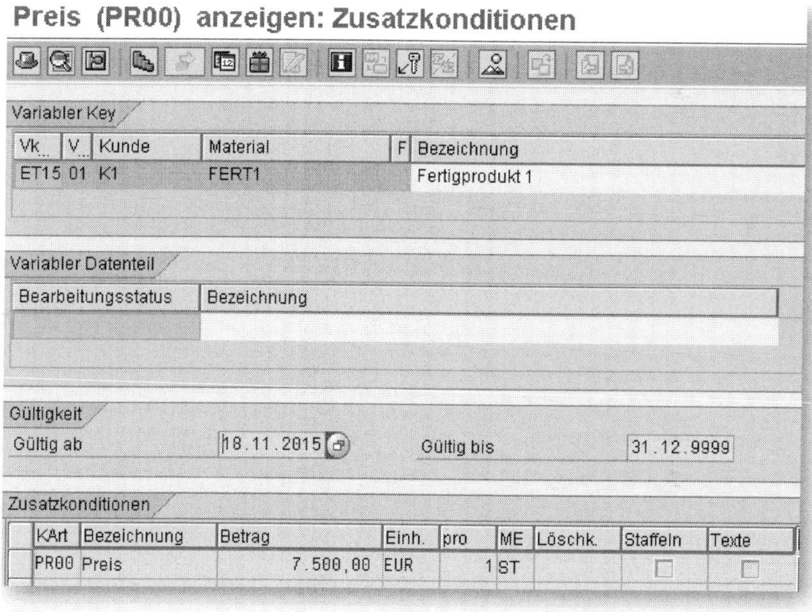

Abbildung 2.4: Bruttolistenpreis PR00

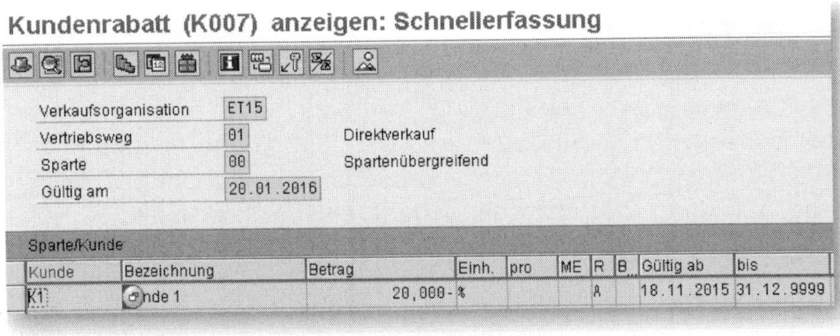

Abbildung 2.5: Kundenrabattkondition K007

Weitere Informationen zur Preisfindung

Sollte Sie das Thema »Preisfindung« im Detail interessieren, empfehlen wir das Buch »Preisfindung und Konditionstechnik in SAP® SD« von Ilona Bauer (Espresso Tutorials 2015).

2.3 Erlös- und Kostensammler?

Ist denn nun unser Kundenauftrag erlös- und kostenführend? Sie erkennen das, indem Sie – nachdem Sie in die Übersicht Ihres Kundenauftrages zurückgekehrt sind – über den Reiter UMFELD auf KOSTENBERICHT wechseln. Erscheint die Meldung »Position ist nicht kostenrelevant«, hat der Kundenauftrag weder Kostenrelevanz noch ist er erlösführend (siehe Abbildung 2.6).

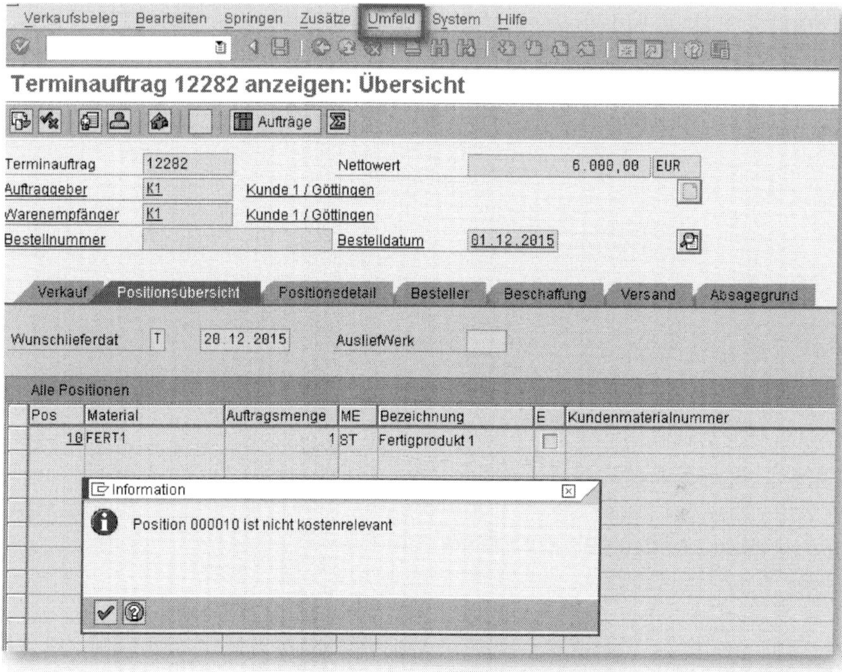

Abbildung 2.6: Kundenauftrag – nicht kostenrelevant

Wo wird dies bestimmt? Das steuert die sogenannte *Bedarfsklasse*, die ebenfalls im SD-Customizing zu finden ist.

Springen wir in unserer Kundenauftragsübersicht in den Reiter BESCHAFFUNG, können wir dort (siehe Abbildung 2.7) die *Bedarfsart* `011` unserer Kundenauftragsposition erkennen.

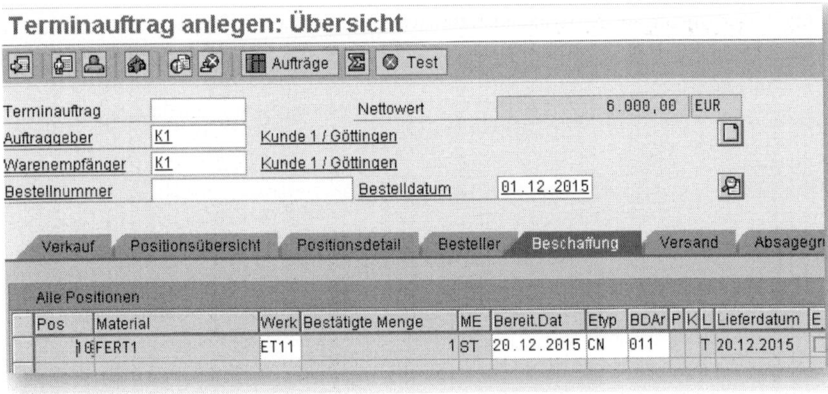

Abbildung 2.7: Bedarfsart 011

Im SD-Customizing haben wir unter VERTRIEB • GRUNDFUNKTIONEN • VERFÜGBARKEITSPRÜFUNG UND BEDARFSÜBERGABE • BEDARFSÜBERGABE • BEDARFSKLASSEN DEFINIEREN die Bedarfsklasse `011` definiert und der Bedarfsart `011` zugeordnet (siehe Abbildung 2.8).

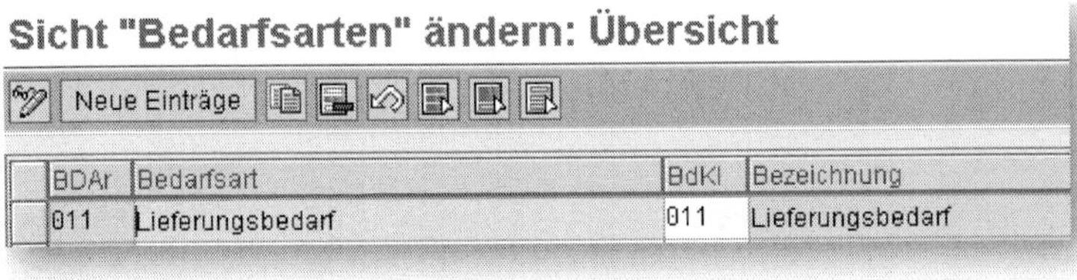

Abbildung 2.8: Zuordnung Bedarfsklasse 011 zu Bedarfsart 011

In der Bedarfsklasse hinterlegen Sie im Feld KONTIERUNGSTYP, ob der Kundenauftrag als Controllingobjekt geführt wird.

Wie bereits erwähnt, ist dies ein wesentliches Kennzeichen, ob Sie später die Fakturen ins CO-PA direkt übernehmen. In unserem Beispiel ist der KONTIERUNGSTYP der BEDARFSKLASSE `011` leer (siehe Abbildung 2.9), was bedeutet, dass Kundenaufträge, die über die Bedarfsart `011` der Bedarfsklasse `011` zugeordnet sind, keine Kosten und Erlöse führen. Im weiteren Prozess wird dieser Umstand dazu führen, dass Fakturadaten im Moment ihrer Sicherung im ERP-System in Echtzeit aus dem Modul SD in die Ergebnisrechnung transferiert werden!

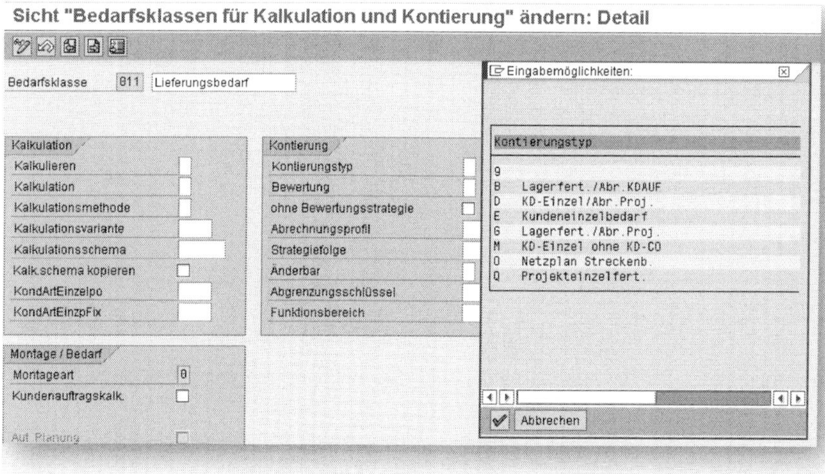

Abbildung 2.9: Kontierungstyp in der Bedarfsklasse

2.4 Schnittstelle zum CO-PA

Damit Sie Kundenauftragsdaten an CO-PA übergeben können, müssen Sie dies im CO-PA-Customizing erst erlauben. Dazu rufen Sie den Einführungsleitfaden auf, wählen über ERGEBNIS- UND MARKTSEGMENTRECHNUNG • WERTEFLÜSSE IM IST • KUNDENAUFTRAGSEINGÄNGE ÜBERNEHMEN die Funktion KUNDENAUFTRAGSEINGÄNGE AKTIVIEREN und tragen im Feld KAEING eine »1« ein (siehe Abbildung 2.10).

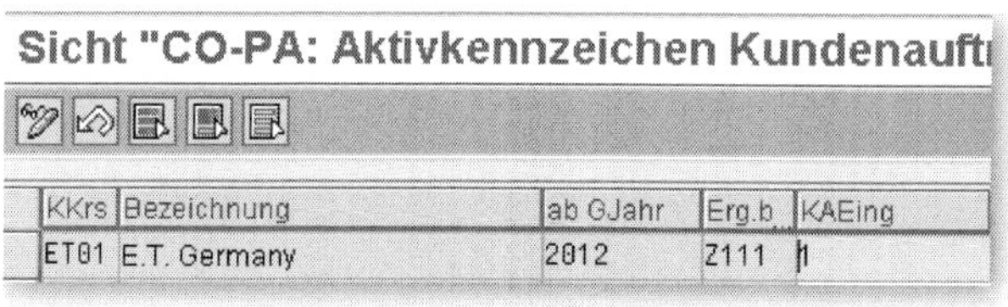

Abbildung 2.10: Aktivierung zu Ergebnisbereich Z111 im Kostenrechnungskreis ET01

Ferner sind den SD-Konditionsarten WERTFELDer im CO-PA zuzuordnen (siehe Abbildung 2.11).

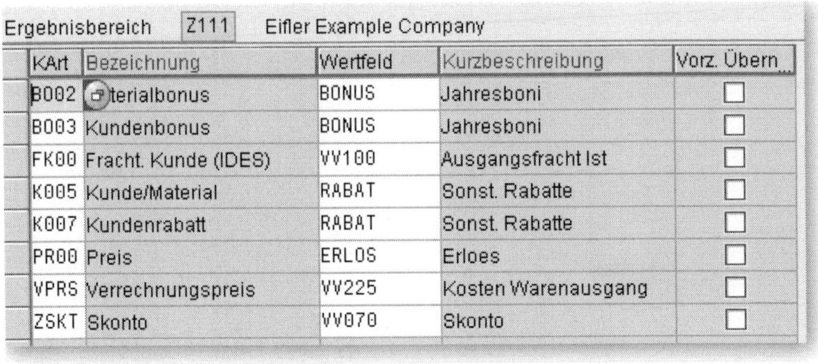

Ergebnisbereich Z111 Eifler Example Company

KArt	Bezeichnung	Wertfeld	Kurzbeschreibung	Vorz. Übern...
B002	Materialbonus	BONUS	Jahresboni	☐
B003	Kundenbonus	BONUS	Jahresboni	☐
FK00	Fracht. Kunde (IDES)	VV100	Ausgangsfracht Ist	☐
K005	Kunde/Material	RABAT	Sonst. Rabatte	☐
K007	Kundenrabatt	RABAT	Sonst. Rabatte	☐
PR00	Preis	ERLOS	Erloes	☐
VPRS	Verrechnungspreis	VV225	Kosten Warenausgang	☐
ZSKT	Skonto	VV070	Skonto	☐

Abbildung 2.11: Zuordnung von SD-Konditionsarten zu Wertfeldern

Nachdem Sie Ihren Kundenauftrag angelegt haben (im Beispiel ist es KUNDENAUFTRAG 12282), müssen Sie diesen sichern.

Nun kontrollieren wir im CO-PA, ob mit der Sicherung des Kundenauftrages tatsächlich Einzelposten gebildet wurden. Mit der Transaktion KE24 können Sie erzeugte Einzelposten ansehen. Dazu setzen Sie, wie in Abbildung 2.12, zunächst den ERGEBNISBEREICH, bevor Sie über den grünen Haken in das Selektionsbild der Ist-Einzelposten der Ergebnisrechnung (Abbildung 2.13) gelangen.

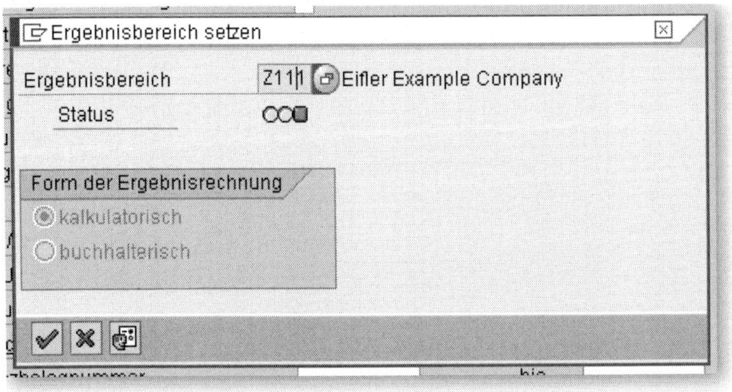

Abbildung 2.12: Ergebnisbereich Z111 setzen

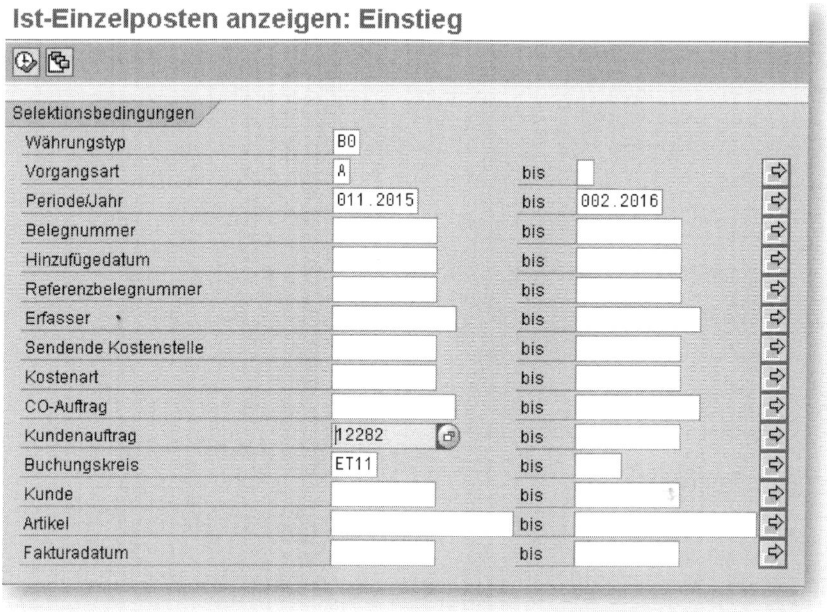

Abbildung 2.13: Selektion der CO-PA-Ist-Einzelposten mit KE24

In diesem Selektionsbild können Sie ein für die Ergebnisrechnung wesentliches Merkmal sehen: die sogenannte *Vorgangsart*. Anhand dieser können Sie erkennen, aus welcher Quelle die Daten in Ihrem Ergebnisbereich stammen. Abbildung 2.14 zeigt die von SAP ausgelieferten Standardausprägungen.

Abbildung 2.14: Standardausprägungen des Merkmals »Vorgangsart«

Wenn Sie bei Ausführung der Transaktion `KE24` also die VORGANGSART `A` auswählen, können Sie sicher sein, dass Ihnen das ERP-System auch nur Kundenauftragsdaten ausgibt.

Durch Ausführung der Selektion sehen wir unseren Ist-Einzelposten (Abbildung 2.15), den wir durch die Sicherung des Kundenauftrages erzeugt haben.

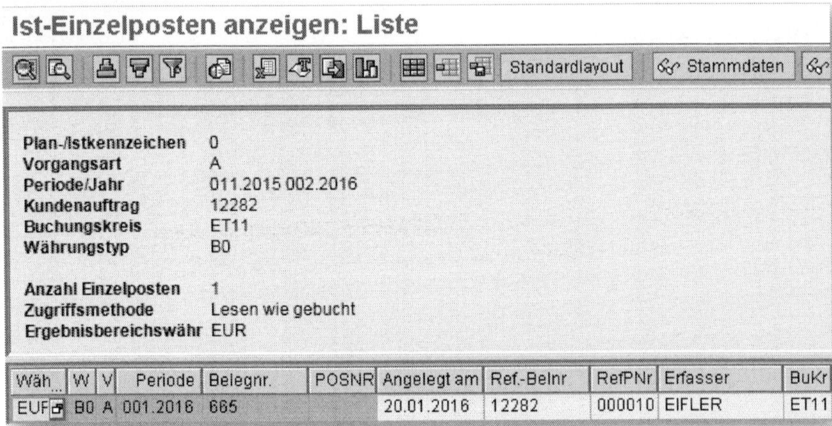

Abbildung 2.15: Ist-Einzelposten Kundenauftrag 12282

Mit einem Doppelklick auf die Zeile des Einzelpostens können Sie nun zwischen den Reitern MERKMALE, WERTFELDER, HERKUNFTSDATEN und VERWALTUNGSDATEN wechseln (siehe Abbildung 2.16 und Abbildung 2.17). Sehen wir uns zunächst die Merkmale an, die in diesem Einzelposten mitgegeben wurden:

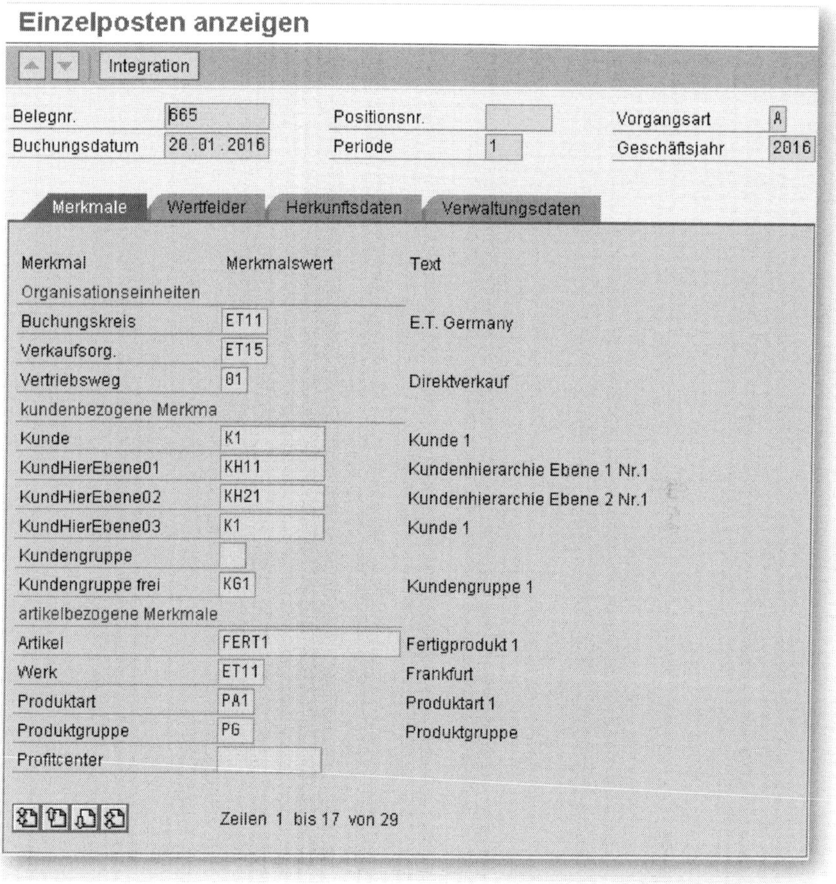

Abbildung 2.16: Merkmale I des Kundenauftragseinzelpostens

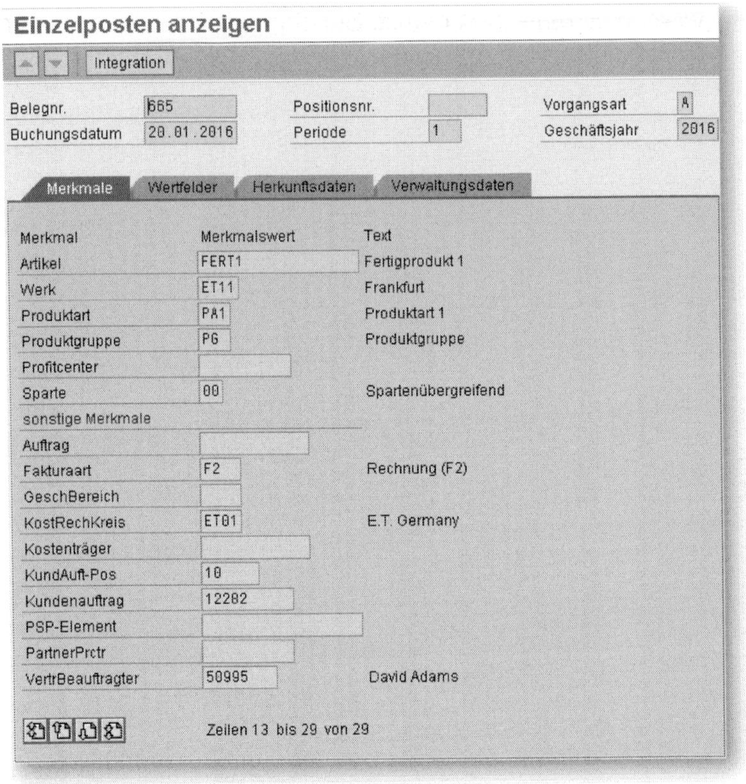

Abbildung 2.17: Merkmale II des Kundenauftragseinzelpostens

Sie erkennen, dass neben den wenigen im Kundenauftrag mitgegebenen Feldern, wie z. B. KUNDE oder ARTIKEL, viele weitere Merkmale bereitgestellt werden. So sind etwa Informationen aus Kunden- und Produkthierarchien verfügbar, die Sie i. d. R. aus *Merkmalsableitungen* entwickelt haben. Diese Merkmalsableitungen werden über die Transaktion `KEDR` bereitgestellt. Neben standardmäßig festen Ableitungen können Sie hier auch freie Ableitungen definieren, je nachdem, welches »eigene« Merkmal Ihres Ergebnisbereiches zusätzlich gefüllt werden soll.

Weiterhin wurden WERTFELDER gefüllt. Sie erinnern sich, dass wir nur eine Mengeninformation (`1,00` Stück des Produkts FERT1), einen Bruttolistenpreis PR00 (`7.500 EUR`) und einen Rabatt K007 (`1.500 EUR`) im Kundenauftrag mitgegeben hatten, mehr nicht!

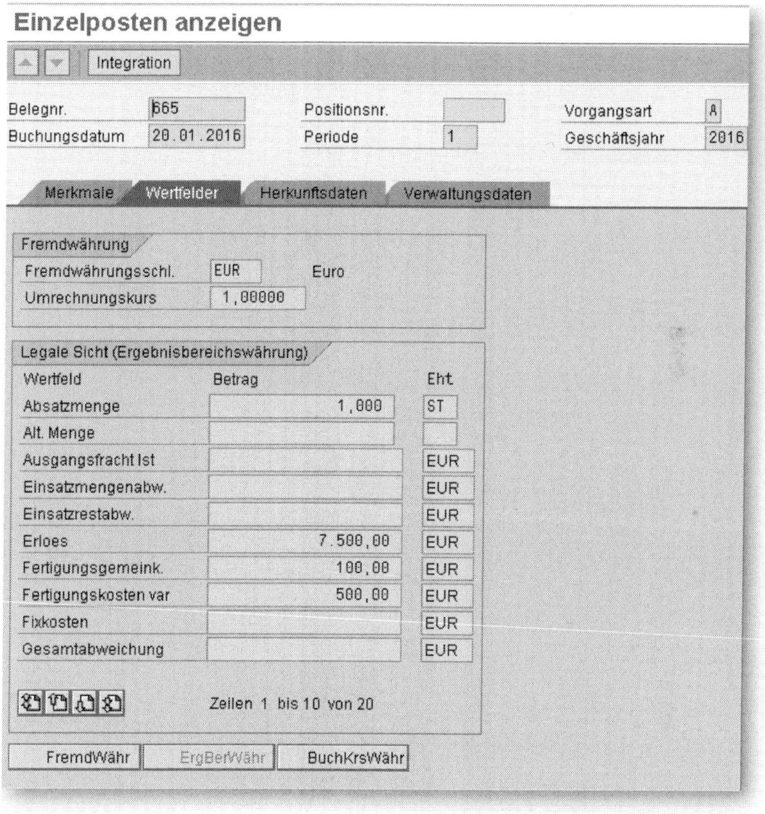

Abbildung 2.18: Wertfelder I des Kundenauftragseinzelpostens

In Abbildung 2.18 und Abbildung 2.19 sehen wir aber, dass neben den bisher im Kundenauftrag mitgegebenen Informationen weitere Wertfelder gefüllt wurden.

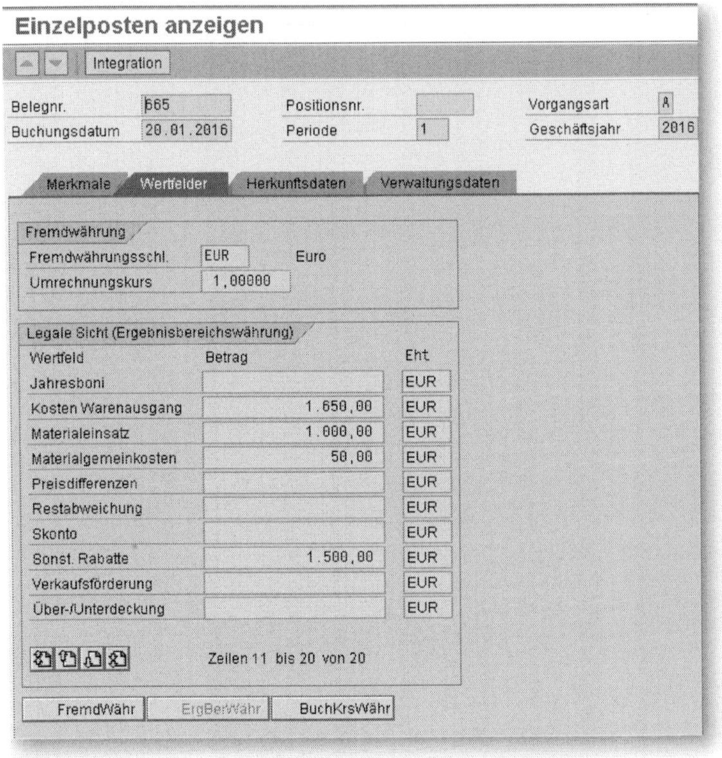

Abbildung 2.19: Wertfelder II des Kundenauftragseinzelpostens

Woher stammen diese zusätzlichen Informationen? Im Rahmen der *Bewertungsstrategie*, die wir im Customizing unserer Ergebnisrechnung festgelegt haben (Transaktion `KE4U`), wurde definiert, dass wir für unser zu verkaufendes Produkt die Materialkalkulation durchlaufen wollen (siehe Abbildung 2.20).

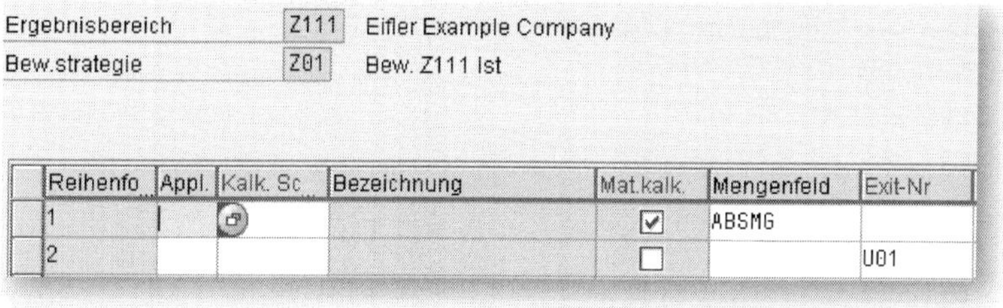

Abbildung 2.20: Bewertungsstrategie definieren (KE4U)

Unser Material FERT1 wurde mit der Materialart FERT angelegt (vgl. dazu Abschnitt 1.2.1). In einem nächsten Schritt wird nun, wie in Abbildung 2.21 zu sehen, die Bewertungsstrategie Z01 der Materialart FERT zugeordnet (Transaktion KE4J).

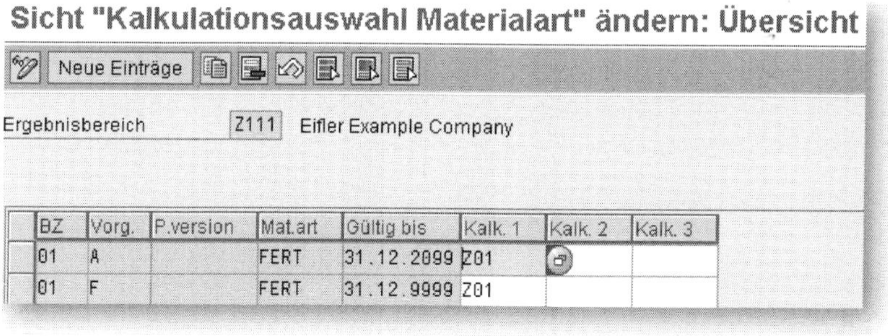

Abbildung 2.21: Bewertungsstrategie zuordnen (KE4J)

Dadurch wird gewährleistet, dass die für den Artikel FERT1 gespeicherte Standardkalkulation gefunden und ihre Werte in Wertfelder der Ergebnisrechnung transferiert werden, weil wir die Kostenkomponenten der Standardkalkulation einzelnen Wertfeldern in unserem ERGEBNISBEREICH Z111 zugeordnet haben (siehe Abbildung 2.22).

Ergebnisbereich Z111 Eifler Example Company
Elementeschema 01 Erzeugniskalkulation

BZ	Ele	Bezeichnung Element	FVKZ	Feldname 1
01	10	Rohstoffe	3	VV150
01	30	Fertigung Personal	3	VV180
01	80	Materialgemeinkosten	3	VV250
01	120	Fertigungsgemeink.	3	VV255
03	10	Rohstoffe	3	VV150
03	50	Fertigung Maschine	3	VV180
04	10	Rohstoffe	3	VV150
04	50	Fertigung Maschine	3	VV180

Abbildung 2.22: Kostenkomponenten zu Wertfeldern zuordnen (KE4R)

Vergleichen wir nun die in der Abbildung 1.8 zusammengefassten Werte mit den Informationen in den Wertfeldern unseres Kundenauftragseinzelpostens, dann sehen wir, dass in den Wertfeldern MATERIALEINSATZ, MATERIALGEMEINKOSTEN, FERTIGUNGSKOSTEN VARIABEL und FERTIGUNGSGEMEINKOSTEN identische Informationen vorhanden sind.

Weitere Informationen zur Merkmalsableitung und Bewertung im CO-PA

Eine umfassende Übersicht mit detaillierten Informationen zur Merkmalsableitung und Bewertung im CO-PA finden Sie in Stefan Eiflers Buch »Schnelleinstieg in die SAP-Ergebnisrechnung (CO-PA) (Printversion S. 31–75), das ebenfalls im Verlag Espresso Tutorials erschienen ist.

Dem findigen Leser wird nun sicher aufgefallen sein, dass ein weiteres Wertfeld, das wir bisher nicht benannt haben, gefüllt worden ist: die KOSTEN DES WARENAUSGANGS. Hierin weisen wir einen Wert von `1.650 EUR` aus. Wo kommt dieser her? Ist es einfach eine Summierung der Wertfelder, die wir für die Standardkalkulation verwendet haben? Wenn dem so wäre, wäre dies zu einfach gedacht und keiner weiteren Betrachtung wert. Nein, wir greifen hier auf eine Standardkonditionsart von SAP zurück: auf die *Konditionsart VPRS*.

Springen wir zur Verdeutlichung aus dem CO-PA-Einzelposten mithilfe des vorhandenen INTEGRATIONsbuttons (siehe Abbildung 2.23) direkt in den SD-Kundenauftrag (siehe Abbildung 2.24).

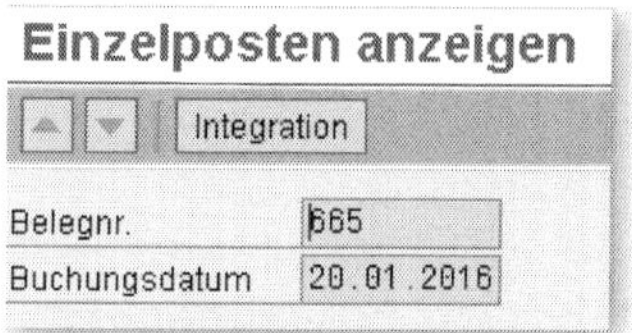

Abbildung 2.23: Integration des Kundeneinzelpostens mit anderen Modulen

Wenn wir von dort weiter in die KONDITIONSübersicht des Kundenauftrages springen, sehen wir, dass die KonditionsART `VPRS` mit `1.650 EUR` gefüllt ist. Dazu ist im SD-Kalkulationsschema für die Preisfindung vorab sicherzustellen, dass eben diese Konditionsart dort hinterlegt ist.

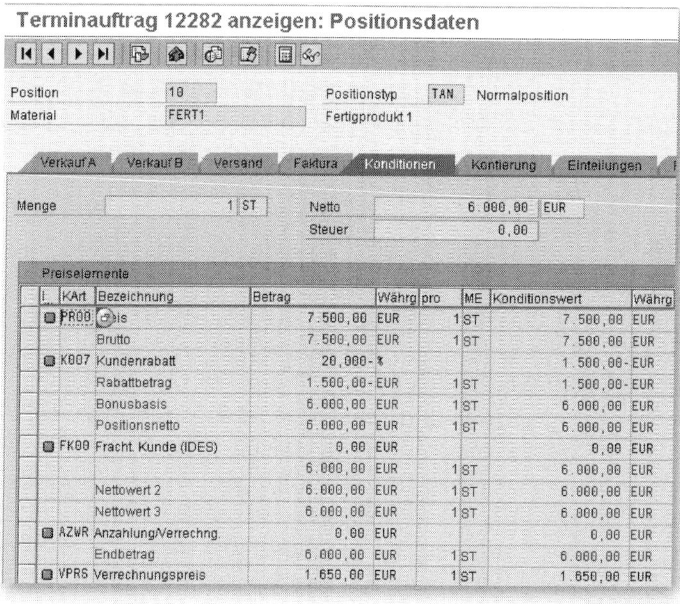

I.	KArt	Bezeichnung	Betrag	Währg	pro	ME	Konditionswert	Währg
	PR00	Preis	7.500,00	EUR	1	ST	7.500,00	EUR
		Brutto	7.500,00	EUR	1	ST	7.500,00	EUR
	K007	Kundenrabatt	20,000-	%			1.500,00-	EUR
		Rabattbetrag	1.500,00-	EUR	1	ST	1.500,00-	EUR
		Bonusbasis	6.000,00	EUR	1	ST	6.000,00	EUR
		Positionsnetto	6.000,00	EUR	1	ST	6.000,00	EUR
	FK00	Fracht. Kunde (IDES)	0,00	EUR			0,00	EUR
			6.000,00	EUR	1	ST	6.000,00	EUR
		Nettowert 2	6.000,00	EUR	1	ST	6.000,00	EUR
		Nettowert 3	6.000,00	EUR	1	ST	6.000,00	EUR
	AZWR	Anzahlung/Verrechng.	0,00	EUR			0,00	EUR
		Endbetrag	6.000,00	EUR	1	ST	6.000,00	EUR
	VPRS	Verrechnungspreis	1.650,00	EUR	1	ST	1.650,00	EUR

Abbildung 2.24: Kundenauftragspositionsdaten mit VPRS-Konditionsart

Durch deren Zuordnung zum Wertfeld KOSTEN DES WARENAUSGANGS (vgl. Abbildung 2.11) sind nun 1.650 EUR im Kundenauftragseinzelposten des CO-PA sichtbar.

An dieser Stelle ist zu sagen, dass die Information dieser Konditionsart für den Kundenauftragseinzelposten noch nicht so wichtig ist, weil wir den Hinweis, was unser Produkt wert ist, bereits aus der Standardkalkulation erhalten haben. Dennoch wird im Laufe unseres Prozesses diese Konditionsart eine große Bedeutung bekommen, weil sie uns die tatsächlich in der *Finanzbuchhaltung (FI)* gebuchten Kosten des Warenausgangs bereitstellen wird. Nur dadurch bekommen wir die Möglichkeit, in einer kalkulatorischen Form der Ergebnisrechnung die tatsächlich in FI gebuchten Kosten auch zu sehen und letztendlich eine Abstimmung der Werte zwischen FI und CO-PA bis hin zum Ergebnis gewährleisten zu können.

Wie eingangs dieses Kapitels bereits erwähnt, führt die Erfassung eines Kundenauftrags noch zu keinen Buchungen im FI, aber, sofern eingestellt, zu CO-PA-Einzelposten.

Wie sehen nun die Wertfelder dieses Einzelpostens in einem CO-PA-Bericht aus, den Sie im dynamischen Berichtswesen des CO-PA hinterlegen (Details dazu sind auch in dem oben bereits erwähnten Buch abrufbar) und mit der Transaktion KE30 ausführen?

In der in Abbildung 2.25 dargestellten Deckungsbeitragsstruktur, die wir Ihnen in Abschnitt 1.1.3 bereits angekündigt haben, sehen Sie außerdem die Hilfszeile »Abweichung Ist- zu kalkulatorischen Kosten« (Abw. Ist- Kalk. K.). Für den Auftragseingang weist diese Hilfszeile noch einen Wert von 0,00 EUR aus, da die Kosten des Warenausgangs (über VPRS) und die Summierung der kalkulatorischen Produktionskosten identisch sind. Diese Hilfszeile ist dann wichtig, wenn im IST die Kosten des tatsächlichen Warenausgangs, die in FI gebucht werden, vom Wert aus der Standardkalkulation (= kalkulatorischer Wert) abweichen und Sie dennoch Ihren Deckungsbeitrag 1:1 mit FI abstimmen wollen!

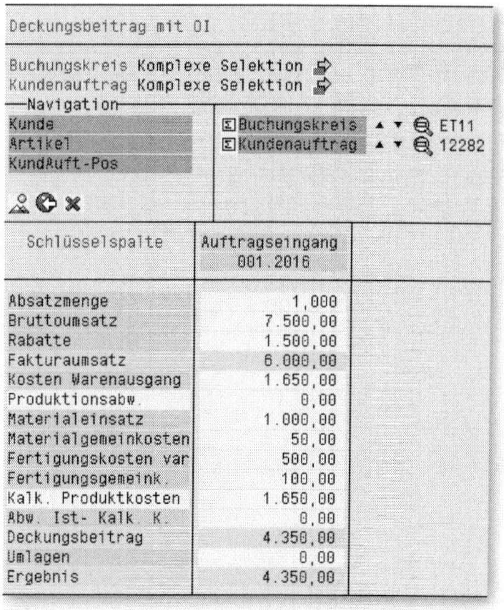

Schlüsselspalte	Auftragseingang 001.2016
Absatzmenge	1,000
Bruttoumsatz	7.500,00
Rabatte	1.500,00
Fakturaumsatz	6.000,00
Kosten Warenausgang	1.650,00
Produktionsabw.	0,00
Materialeinsatz	1.000,00
Materialgemeinkosten	50,00
Fertigungskosten var	500,00
Fertigungsgemeink.	100,00
Kalk. Produktkosten	1.650,00
Abw. Ist- Kalk. K.	0,00
Deckungsbeitrag	4.350,00
Umlagen	0,00
Ergebnis	4.350,00

Abbildung 2.25: Darstellung des Auftragseingangs im CO-PA-Bericht

Abbildung 2.26 zeigt, wie sich der Prozess, was bisher passiert ist, darstellen lässt.

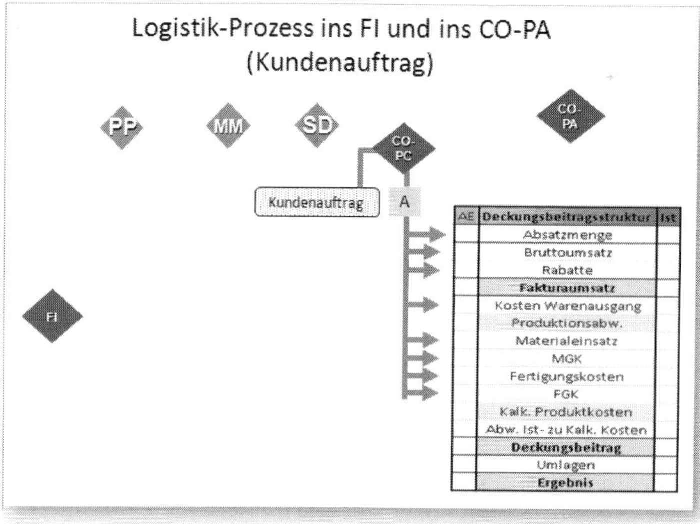

Abbildung 2.26: Prozess Kundenauftrag

1. Wir erfassen einen Kundenauftrag im Modul SD.
2. Mit Sicherung des Kundenauftrages werden mit gleichzeitiger Berücksichtigung der Standardkalkulation in CO-PC das Mengenfeld »Absatzmenge« sowie die Wertfelder »Bruttoumsatz«, »Rabatte«, »Kosten des Warenausgangs«, »Materialeinsatz«, »Materialgemeinkosten (MGK)«, »Fertigungskosten« und »Fertigungsgemeinkosten (FGK)« in der Ergebnisrechnung (CO-PA) gefüllt.
3. Im CO-PA-Reporting erkennen Sie die erzeugten Einzelposten anhand der Vorgangsart »A«. Alle anderen SAP-Module sind bisher nicht betroffen.

Alle bis dato übergebenen Werte sind kalkulatorisch, d. h., es wurde nichts im FI gebucht (was auch bei einem Kundenauftrag mehr als ungewöhnlich wäre).

2.5 Abstimmungsmöglichkeiten mit dem Rechnungswesen

Zum Zeitpunkt der Sicherung des Kundenauftrags (= Auftragseingang) werden diese Informationen zunächst nur kalkulatorisch in die Ergebnisrechnung übernommen, andere Rechnungswesen-Module sind an dieser Stelle nicht betroffen. Deswegen stimmen wir den Auftragseingang zwischen SD und dem CO-PA ab.

Je nachdem, wie das Modul SD eingestellt ist, kann auch das verwendete Berichtswesen im SD in jedem Unternehmen unterschiedlich gehandhabt werden. Viele Unternehmen verwenden das *VIS-Tool* (Vertriebsinformationssystem) zur Darstellung des Kundenauftragseingangs, manche transferieren die Informationen aus SD in ein angeschlossenes *BW-System* (Business-Warehouse-System), um sie dort zu analysieren. Für unser Beispiel halten wir uns an die im Standard-SAP-System bereitgestellten Berichte.

Betrachten wir zuerst eine Berichtsoption im SD. Im Anwendungsmenü können Sie über den Pfad VERTRIEB • VERKAUF • INFOSYSTEM • AUFTRÄGE den Bericht »Aufträge im Zeitraum« aufrufen. Dies ist ein ganz normaler Report-Painter-Bericht im SD (siehe Abbildung 2.27).

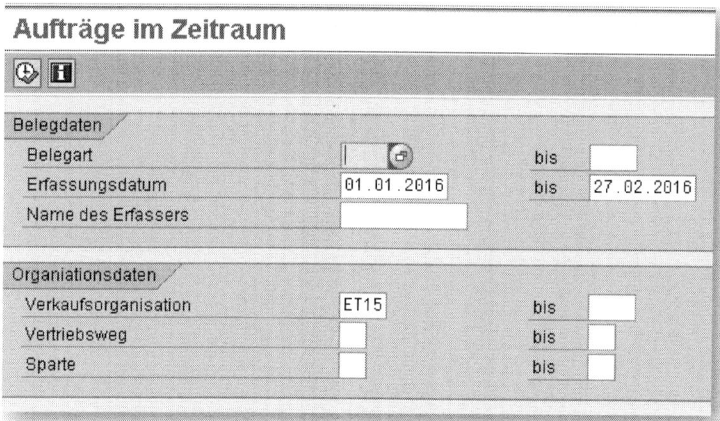

Abbildung 2.27: Selektion Kundenauftragsbericht

Nachdem Sie den Zeitraum und Ihre VERKAUFSORGANISATION eingegrenzt und ausgeführt haben, erscheint die in Abbildung 2.28 gezeigte Liste.

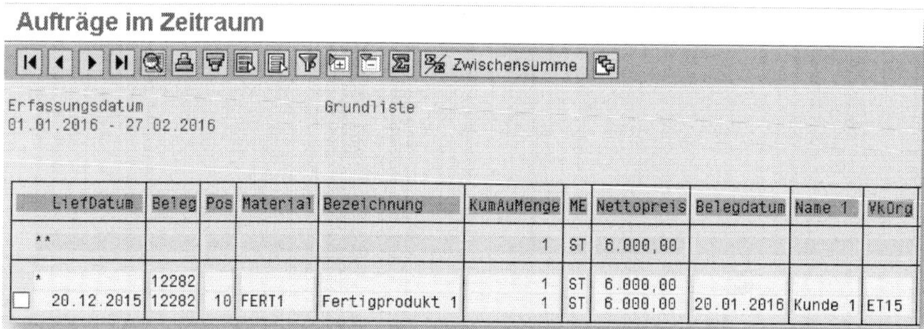

Abbildung 2.28: Ergebnis Kundenauftragsbericht

Eine weitere gute Möglichkeit, sich die Kundenaufträge im SD anzeigen zu lassen, bietet die Transaktion `VA05N` (siehe Abbildung 2.29 und als Ergebnis daraus Abbildung 2.30).

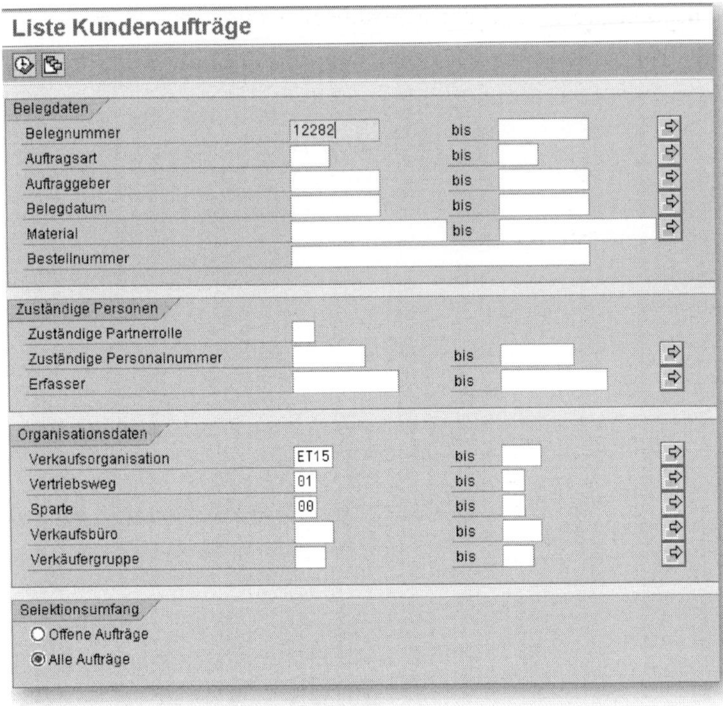

Abbildung 2.29: Selektion VA05N

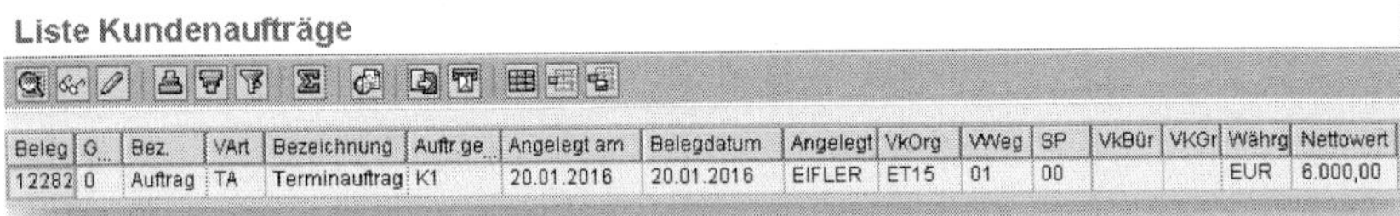
Liste Kundenaufträge

Beleg	G..	Bez.	VArt	Bezeichnung	Auftr.ge..	Angelegt am	Belegdatum	Angelegt	VkOrg	VWeg	SP	VkBür	VKGr	Währg	Nettowert
12282	0	Auftrag	TA	Terminauftrag	K1	20.01.2016	20.01.2016	EIFLER	ET15	01	00			EUR	6.000,00

Abbildung 2.30: Ergebnis VA05N

Das Ergebnis können Sie mit Ihrem CO-PA-Bericht (vgl. Abbildung 2.25) vergleichen und stellen fest, dass der dort dargestellte Fakturaumsatz mit dem im Kundenauftragsbericht dargestellten Nettopreis in Höhe von `6.000 EUR` identisch ist.

Nähern Sie sich der Analyse des Auftragseingangs von der CO-PA-Seite, so können Sie über die Transaktion `KE4TS` überprüfen, ob alle Kundenaufträge übernommen wurden (siehe Abbildung 2.31).

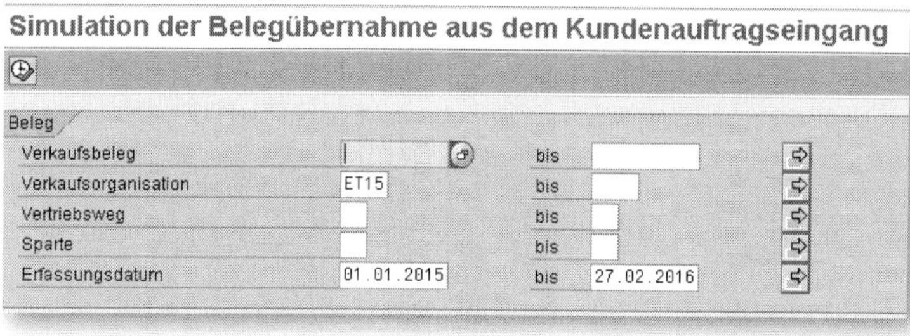

Abbildung 2.31: Selektion KE4TS

Je nachdem, wie Sie selektiert haben, erscheint z. B. die in Abbildung 2.32 gezeigte Liste.

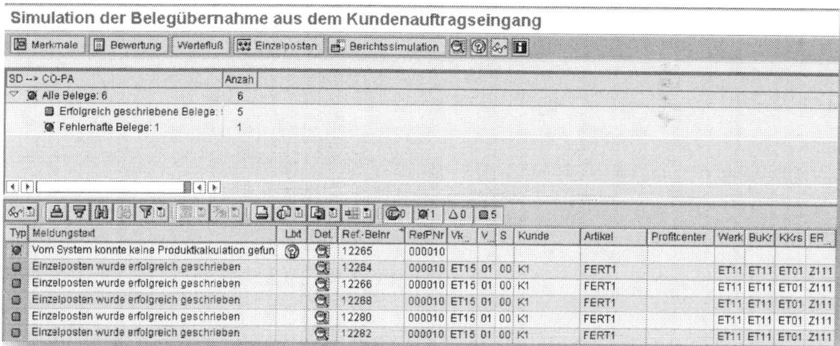

Abbildung 2.32: Ergebnis KE4TS

Der rot markierte Beleg in der obersten Zeile konnte nicht simuliert werden; hier ist also die Wahrscheinlichkeit groß, dass dieser Kundenauftrag nicht an die Ergebnisrechnung übergeben wurde. Der angezeigte Fehler weist im MELDUNGSTEXT auf eine fehlende Materialkalkulation des zu verkaufenden Artikels hin. Diese müsste angelegt werden, bevor sich der entsprechende Auftragseingang im CO-PA erfassen lässt.

Es gibt aber auch andere Gründe, etwa einen Kunden, der vom **FI** noch keine *Kreditlimitfreigabe* bekommen hat. Dann kann es durchaus sein, dass – je nachdem, wie Ihr SD eingestellt ist – dieser Auftragseingang zwar im SD dargestellt wird, im CO-PA aber noch nicht.

Erhält der Kunde seine Kreditlimitfreigabe erst, nachdem der Kundenauftrag im SD angelegt wurde, finden Sie diesen Auftragseingang im CO-PA unter Ergebnis- und Marktsegmentrechnung • Istbuchungen • Fehlerhafter Auftragseingang.

Mit der Transaktion `KE2D` wird Ihnen ein fehlerhafter Auftragseingang angezeigt, mit der Transaktion `KE2B` können Sie einen fehlerhaften Auftragseingang ins CO-PA nachbuchen und mit der `KE2C` auch wieder löschen.

Kundenauftragsübernahme nach SD-Produktivsetzung

Ein Nachbuchen von Kundenaufträgen kann auch dann sinnvoll sein, wenn SD bereits produktiv gesetzt ist und Sie die Kundenauftragsübernahme ins CO-PA anschließend aktivieren. Dadurch sehen Sie im CO-PA auch Auftragseingänge für einen Zeitraum, für den bis dato Kundenaufträge im SD ohne die Kontierung ins COPA gebucht sind.

3 Der Fertigungsauftrag

Nachdem der Kunde seine Drohung wahr gemacht und unser Produkt FERT1 in Auftrag gegeben hat, müssen wir es auch herstellen. Der komplette Fertigungsprozess wird im *SAP-Modul PP* (Produktionsplanung und -steuerung) abgebildet. In diesem Kapitel werden wir uns mit dem Produktionsprozess aus der Finanzperspektive beschäftigen. Wir schauen uns die Werteflüsse an, die während der Produktion unseres Produktes im FI, CO und CO-PA entstehen.

3.1 Plankalkulation Fertigungsauftrag

Die Herstellung unseres Produktes `FERT1` erfolgt mittels eines *Fertigungsauftrages*. Auf diesem werden alle Vorgänge abgebildet, die mit der Herstellung unseres Produktes verknüpft sind.

Der Fertigungsauftrag beinhaltet Informationen darüber, was wann gefertigt wird und was uns der Fertigungsauftrag bzw. unser Produkt am Ende des Tages kostet.

Einen Fertigungsauftrag legen wir mit der Transaktion `CO01` (siehe Abbildung 3.1) an. Anzeigen können wir einen Fertigungsauftrag mit der Transaktion `CO03`.

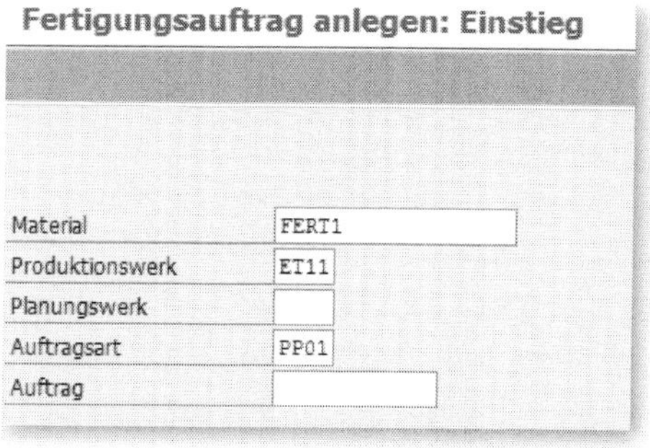

Abbildung 3.1: Anlage Fertigungsauftrag

Notwendige Eingaben sind das MATERIAL, das wir herstellen möchten, das WERK, in dem wir den Produktionsauftrag anlegen bzw. unser Produkt produzieren wollen, sowie die AUFTRAGSART.

In unserem Fall stellen wir unser Fertigprodukt `FERT1` im Werk `ET11` mit der Auftragsart `PP01` her.

Auftragsart

Jeder Fertigungsauftrag muss einer Auftragsart zugeordnet werden. In ihr werden gewisse Steuerungsinformationen hinterlegt, wie bspw. *Nummernkreise*, *Abrechnungsprofil* oder der *Funktionsbereich*, die für die Verwaltung von Aufträgen benötigt werden. Die Auftragsart klassifiziert sozusagen Fertigungsaufträge nach ihrer Verwendung.

Nach Bestätigung gelangen wir in den Auftragskopf. Wir möchten ein Stück des Produktes `FERT1` herstellen, eben genau das eine Stück, das unser Kunde uns in Auftrag gegeben hat. Daher geben wir im Feld GESAMTMENGE die zu produzierende Menge `1` ein. Des Weiteren ergänzen wir den START- und ENDEzeitpunkt, also wann die Produktion beginnen und das Produkt fertiggestellt sein soll (siehe Abbildung 3.2).

Sind all diese Informationen gepflegt, können wir unseren Fertigungsauftrag sichern. Es wird eine Auftragsnummer erzeugt.

Kalkulation des Fertigungsauftrages

Im Customizing haben wir in der Auftragsart PP01 hinterlegt, dass der Fertigungsauftrag mit Sicherung kalkuliert wird, d. h., es werden Plankosten auf dem Fertigungsauftrag kalkuliert, sobald der Fertigungsauftrag gespeichert wird. Wir müssen also die Plankalkulation des Fertigungsauftrages nicht separat anstoßen.

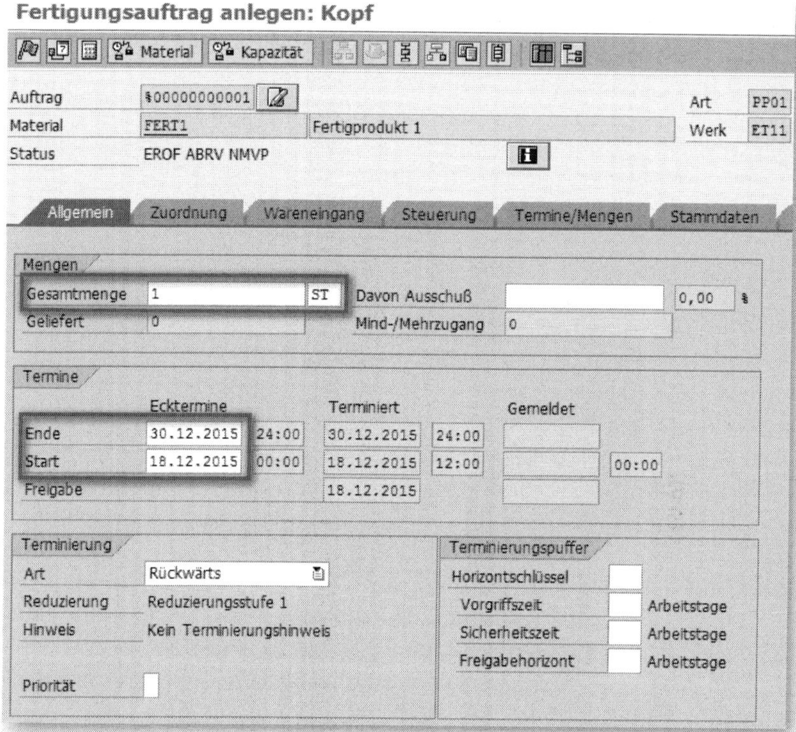

Abbildung 3.2: Kopf Fertigungsauftrag

Über den Menüpfad SPRINGEN • KOSTEN • ANALYSE können wir uns nun die *Kostenanalyse* anschauen (siehe Abbildung 3.3).

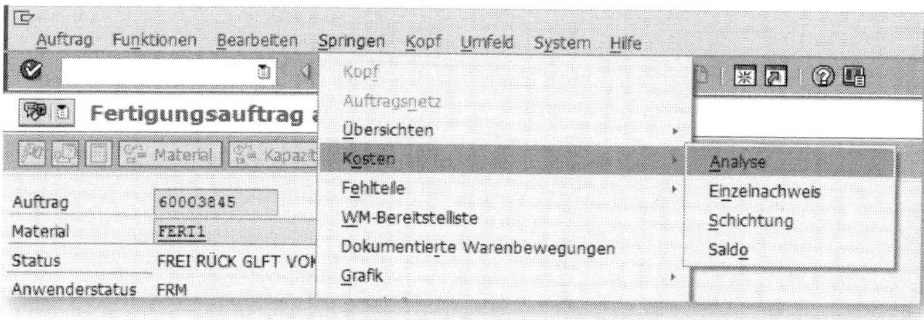

Abbildung 3.3: Absprung Kostenanalyse Fertigungsauftrag

Abbildung 3.4 zeigt die Kostenanalyse mit den kalkulierten Plankosten für unser Fertigprodukt `FERT1`.

Vorgang	Herkunft	Herkunft (Text)	Kostenart	Σ Planmenge gesamt	Σ Plankosten gesamt	Währung
Warenausgänge	ET11/ROHSTOFF 1	Rohstoff 1	733331	1	400,00	EUR
	ET11/ROHSTOFF 2	Rohstoff 2	733332	2	600,00	EUR
Warenausgänge				▪ **3**	▪ **1.000,00**	**EUR**
Rückmeldungen	KS1/999	Büro 1 / Personalstunden	943111	100,00	500,00	EUR
Rückmeldungen				▪ **100,00**	▪ **500,00**	**EUR**
Zuschläge	KS3	Einkauf	941111		50,00	EUR
	KS4	Produktionsleitung	941222		100,00	EUR
Zuschläge					▪ **150,00**	**EUR**
Wareneingang	ET11/FERT1	Fertigprodukt 1	711111	1-	1.650,00-	EUR
Wareneingang				▪ **1-**	▪ **1.650,00-**	**EUR**
				▪▪ **100,00**	▪▪ **0,00**	**EUR**

Abbildung 3.4: Plankosten Fertigungsauftrag

Wir gehen mal stark davon aus, dass Ihnen die Zahlen in der Spalte PLANKOSTEN GESAMT bekannt vorkommen. Genau, diese Zahlen haben wir bereits in der Standardkalkulation für unser Produkt ermittelt (siehe Abschnitt 1.2).

Die Summe aus den WARENAUSGÄNGEN (Verbrauch von Rohstoffen), den RÜCKMELDUNGEN (Personalkosten) sowie den ZUSCHLÄGEN (Material- und Fertigungsgemeinkostenzuschlag) ergeben genau den Preis von `1.650 EUR` unseres Fertigmaterials aus unserer Standardkalkulation. Die Buchung des WARENEINGANGS entlastet den Fertigungsauftrag genau um diesen Betrag. Somit beträgt die Differenz in der Spalte PLANKOSTEN GESAMT null.

Nun könnte in unserem Beispiel der Eindruck entstehen, dass sich die Werte in der Plankostenspalte aus der Standardkalkulation in Abschnitt 1.2.2 ergeben.

Dies ist nicht richtig!

Die Plankosten werden zum Zeitpunkt der Anlage des Fertigungsauftrages, bzw. zum Zeitpunkt der Fertigungsauftragskalkulation neu ermittelt; die Ermittlung erfolgt über die *Komponenten* und *Arbeitsvorgänge* des Fertigungsauftrages zu aktuellen Preisen. Diese können von der Stückliste und dem Arbeitsplan abweichen.

Um Ihnen dies besser darstellen zu können, haben wir den Preis des Materials `Rohstoff 1` von `400 EUR` auf `450 EUR` geändert (siehe Abbildung 3.5) und die Kalkulation unseres Auftrags noch mal durchgeführt. Wir erhalten das in Abbildung 3.6 dargestellte Ergebnis.

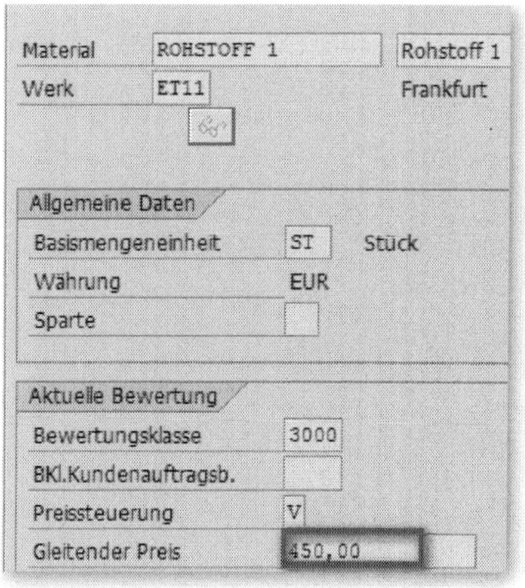

Abbildung 3.5: Geänderter Preis ROHSTOFF 1

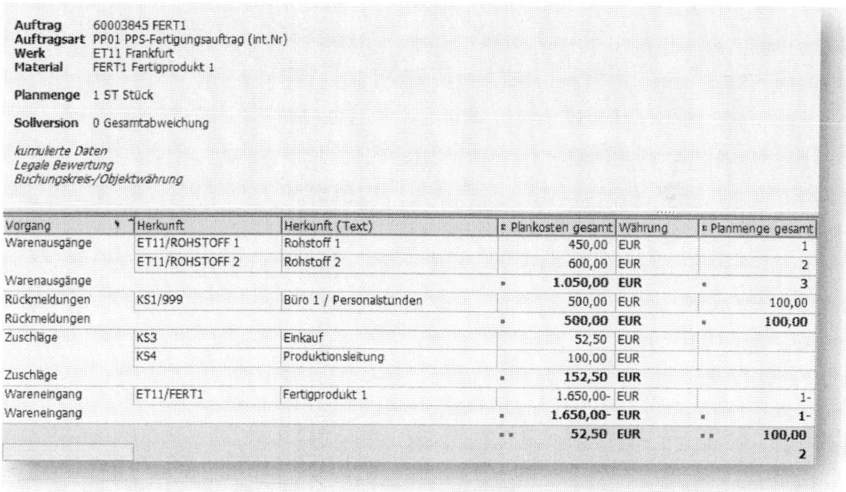

Auftrag 60003845 FERT1
Auftragsart PP01 PPS-Fertigungsauftrag (int.Nr)
Werk ET11 Frankfurt
Material FERT1 Fertigprodukt 1

Planmenge 1 ST Stück

Sollversion 0 Gesamtabweichung

kumulierte Daten
Legale Bewertung
Buchungskreis-/Objektwährung

Vorgang	Herkunft	Herkunft (Text)	Σ Plankosten gesamt	Währung	Σ Planmenge gesamt
Warenausgänge	ET11/ROHSTOFF 1	Rohstoff 1	450,00	EUR	1
	ET11/ROHSTOFF 2	Rohstoff 2	600,00	EUR	2
Warenausgänge			• **1.050,00**	**EUR**	• **3**
Rückmeldungen	KS1/999	Büro 1 / Personalstunden	500,00	EUR	100,00
Rückmeldungen			• **500,00**	**EUR**	• **100,00**
Zuschläge	KS3	Einkauf	52,50	EUR	
	KS4	Produktionsleitung	100,00	EUR	
Zuschläge			• **152,50**	**EUR**	
Wareneingang	ET11/FERT1	Fertigprodukt 1	1.650,00-	EUR	1-
Wareneingang			• **1.650,00-**	**EUR**	• **1-**
			•• **52,50**	**EUR**	•• **100,00** **2**

Abbildung 3.6: Plankosten Fertigungsauftrag – Abweichung

Wie wir sehen, zeigt der Wareneingang immer noch unseren Standardpreis aus der Standardkalkulation von `1.650 EUR`, jedoch hat sich beim WARENAUSGANG der Wert für `Rohstoff 1` von `400 EUR` auf `450 EUR` geändert und somit auch der Materialgemeinkostenzuschlag von `50 EUR` auf `52,50 EUR` (5 % von `1.050 EUR`; vorher 5 % von `1.000 EUR`). Wie bereits erwähnt, liegt das daran, dass in der Plankalkulation von Fertigungsaufträgen die aktuellen Materialpreise herangezogen werden.

Plankosten – Standardpreis

Die Plankosten des Fertigungsauftrages weisen nur in der Zeile WARENEINGANG den Wert aus der Standardkalkulation aus, bzw. den durch die Standardkalkulation ermittelten Preis aus dem Materialstamm. Alle Komponenten und Arbeitsvorgänge werden für die Plankalkulation des Fertigungsauftrages neu mit aktuellen Preisen bewertet. Häufig kommt es bei Rohstoffen zu Abweichungen aufgrund des *Gleitenden Durchschnittspreises* (V-Preis). Dieser kann sich mit jedem Kauf von Rohstoffen ändern und führt so schnell zu einer Abweichung zwischen dem aktuellen und dem aus der Standardkalkulation genutzten V-Preis.

Nachdem wir die Plankosten unseres Fertigungsauftrages erklärt und hergeleitet haben, arbeiten wir im Folgenden mit der ursprünglichen Version weiter, in der die Plankalkulation unseres Fertigungsauftrages mit dem Standardpreis und der Standardkalkulation exakt übereinstimmt.

Für unseren Wertefluss hat die Plankostenspalte keine Relevanz. Es werden durch die Anlage eines Produktionsauftrages, bzw. mit Anlage der Kalkulation, keine Werte im FI, CO oder CO-PA gebucht. Eigentlich ist das auch logisch, denn es wurde ja noch nichts produziert, sondern lediglich eine Kalkulation der Plankosten unseres Fertigungsauftrages erstellt.

3.2 Produktionsprozess

Starten wir die Produktion unseres Fertigproduktes `FERT1`. Dafür müssen wir unseren Fertigungsauftrag über das in Abbildung 3.7 hervorgehobene Icon freigeben.

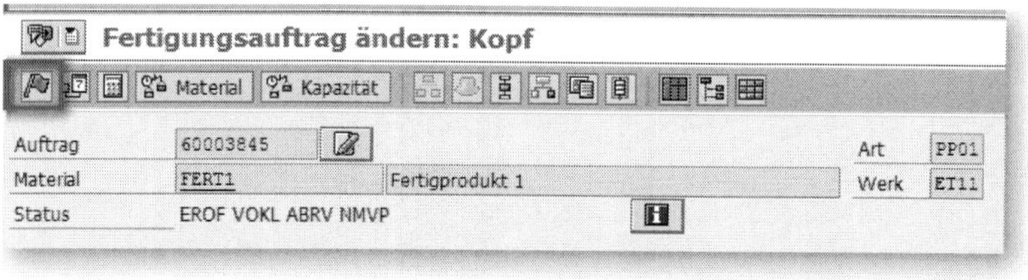

Abbildung 3.7: Freigabe Produktionsauftrag

Anschließend kann mit der Produktion begonnen werden.

Folgende drei Schritte führen wir dazu durch:

1. Warenausgänge

Wir werden die benötigten Rohstoffe für unser Produkt FERT1 auf unseren Fertigungsauftrag mit dem Vorgang »Warenausgänge« verbrauchen.

2. Rückmeldungen

Wie lange haben wir gebraucht, um unser Produkt FERT1 fertigzustellen? Wir werden die geleisteten Arbeitsstunden auf unserem Fertigungsauftrag verbuchen. Dies erfolgt mit dem Vorgang »Rückmeldungen«.

3. Wareneingang

Wir werden unser Endprodukt nach Fertigstellung in das Lager buchen, und zwar mit dem Vorgang »Wareneingang«.

Somit ist die Herstellung unseres Produktes FERT1 abgeschlossen. Es liegt nun in unserem Lager und kann verkauft werden.

Alle drei genannten Vorgänge führen zu Werteflüssen im FI, CO und CO-PA.

Für die Durchführung der Warenausgangsbuchung, der Rückmeldungen und schlussendlich der Wareneingangsbuchung nutzen wir die Transaktion CO11N (siehe Abbildung 3.8).

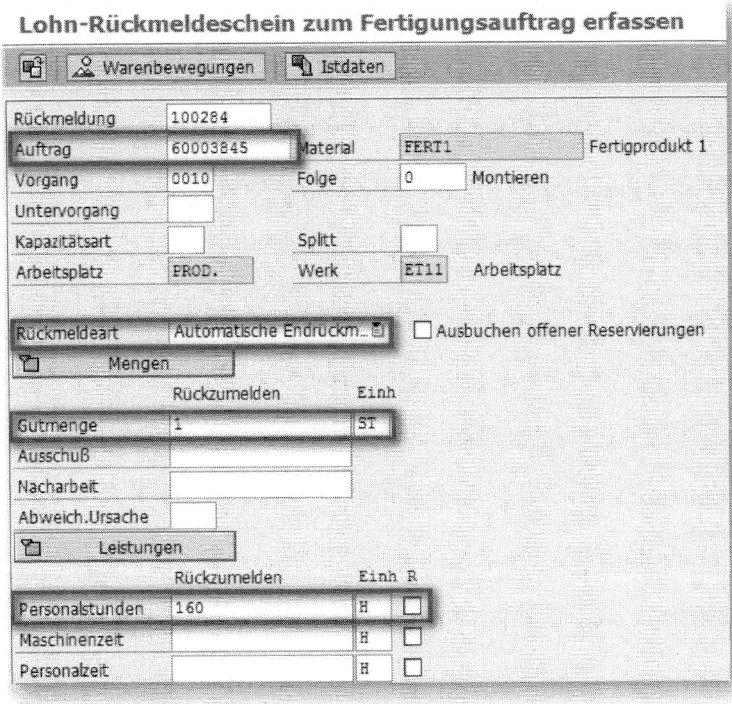

Abbildung 3.8: Fertigungsauftrag komplett zurückmelden

Welche Auswirkungen Warenausgänge, Rückmeldungen und Wareneingänge auf unseren Wertefluss haben, schauen wir uns nun im Detail an.

Transaktion CO11N

Die Transaktion `CO11N` bietet die Möglichkeit, einen Fertigungsauftrag auf Vorgangsebene zurückzumelden. Wir können also mit dieser Transaktion die Rohstoffverbräuche (Warenausgänge), Personalstunden (Rückmeldungen) und Wareneingangsbuchungen mengen- und wertmäßig verbuchen. Als Vorschlagswerte werden die Informationen aus den Arbeitsvorgängen und den Komponenten des Fertigungsauftrages verwendet. Diese Vorschlagswerte können innerhalb der Transaktion geändert werden, was wir in unserem Beispiel für die PERSONALSTUNDEN getan haben: Anstatt die 100 Stunden aus dem Arbeitsplan zugrunde zu legen, haben wir die Personalstunden auf `160 Stunden` erhöht.

Vorab zeigen wir Ihnen aber ein Schaubild zum Logistik-Prozess (Abbildung 3.9), um Ihnen das gerade Beschriebene nochmals bildlich vor Augen zu führen.

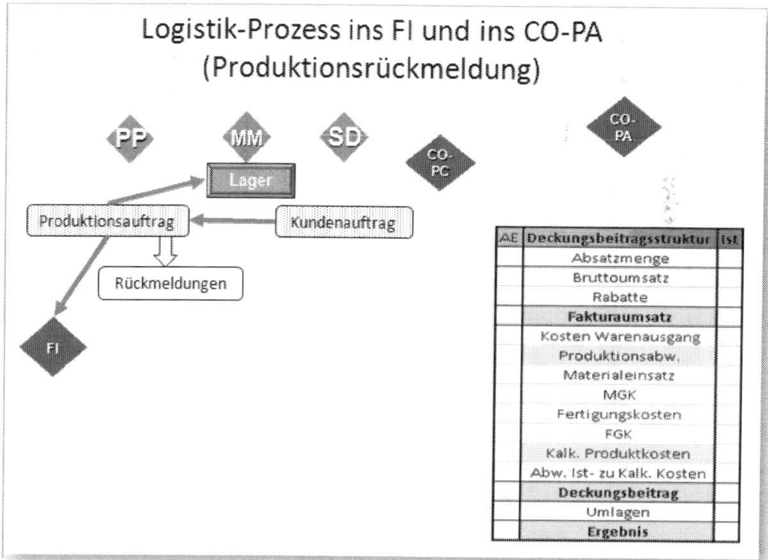

Abbildung 3.9: Produktionsrückmeldung

1. Der im Modul SD erzeugte Kundenauftrag hat über die Bedarfsplanung einen Produktionsauftrag in PP getriggert.
2. An diesem Produktionsauftrag wird gearbeitet, bis die Produktionsmitarbeiter durch Rückmeldungen bestätigen, dass die erforderlichen Arbeitsvorgänge erledigt sind.
3. Das in der Produktion hergestellte Produkt wird auf Lager (Modul MM) gelegt; gleichzeitig werden sowohl der Wareneingang des neuen Produktes als auch die Warenausgänge für die entnommenen Rohstoffe im Modul FI gebucht.

3.2.1 WARENAUSGÄNGE

Beginnen wir mit dem ersten Vorgang, den *Warenausgängen*. Zum besseren Verständnis rufen wir uns die relevanten Informationen aus Abschnitt 1.2.2 in Erinnerung: Unsere Stückliste für das Fertigprodukt `FERT1` gibt vor, dass wir `ein Stück` von `ROHSTOFF 1` und `zwei Stück` von `ROHSTOFF 2` benötigen, wie in Abbildung 3.10 dargestellt.

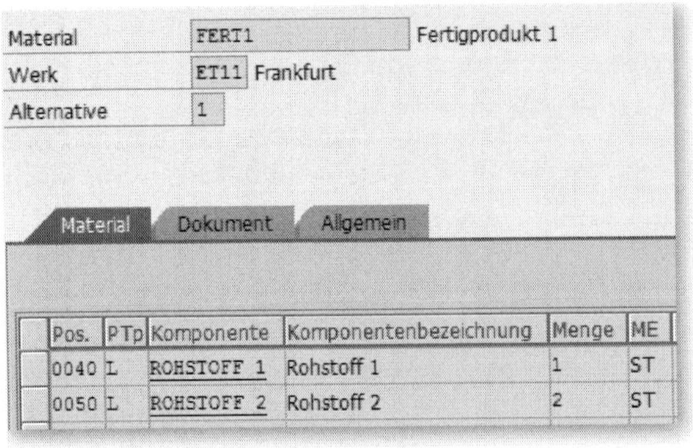

Abbildung 3.10: Stückliste FERT1

Ebenfalls erinnern wir uns zurück, dass `ROHSTOFF 1` einen (Gleitenden Durchschnitts-)Preis von `400 EUR` pro Stück und `ROHSTOFF 2` einen (Gleitenden Durchschnitts-)Preis von `300 EUR` haben.

In unserem Beispiel nutzen wir genau die Mengenangaben aus unserer Stückliste und verbrauchen `ein Stück` von `ROHSTOFF 1` zu `400 EUR` und `zwei Stück` von `ROHSTOFF 2` zu jeweils `300 EUR`.

Als Resultat ergeben sich aus der Rückmeldung der Materialverbräuche diese drei Belege:

- Materialbeleg,
- Buchhaltungsbeleg,
- Kostenrechnungsbeleg.

Der *Materialbeleg* wird erzeugt, weil es sich bei dem Vorgang »Warenausgang« um eine Warenbewegung handelt. Er dient als Information und Nachweis für die Bestandsführung. Immer wenn Waren bewegt werden, wird für diese Bewegung ein MATERIALBELEG erzeugt (siehe Abbildung 3.11).

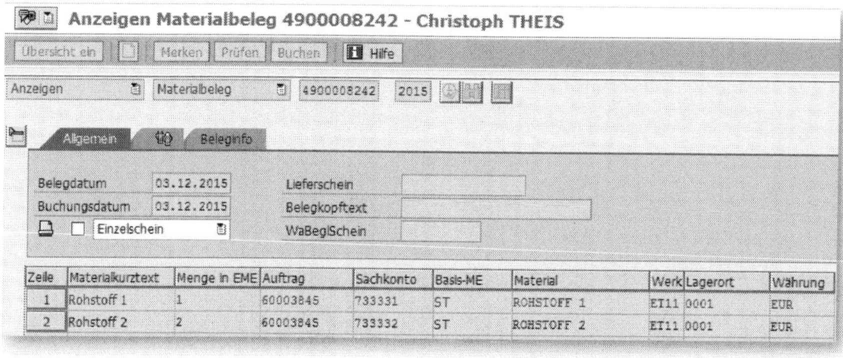

Abbildung 3.11: Materialbeleg

Da es sich dabei um Warenbewegungen handelt, die für die Finanzbuchhaltung relevant sind, wird auch ein *Buchhaltungsbeleg* erzeugt (siehe Abbildung 3.12). Die entsprechenden Bewegungen werden auf Sachkonten verbucht.

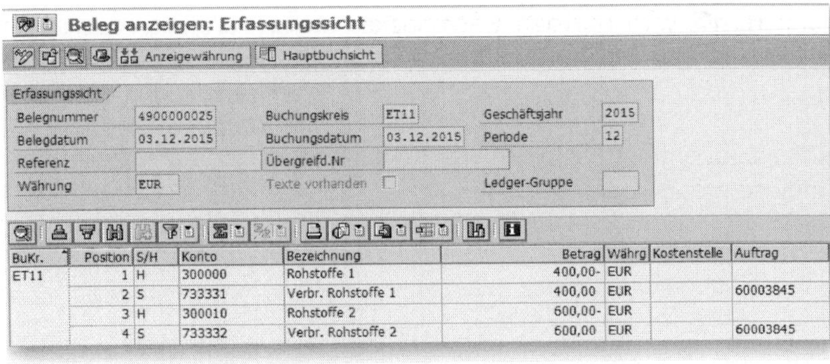

Abbildung 3.12: Buchhaltungsbeleg

Die bebuchten Sachkonten werden über die *Kontenfindung MM* ermittelt, die in der Transaktion `OBYC` gepflegt ist, wie die Abbildung 3.13 und Abbildung 3.14 zeigen. Hier haben wir für die entsprechenden Bewertungsklassen unserer beiden Rohstoffe jeweils ein Bilanz- und GuV-Konto hinterlegt.

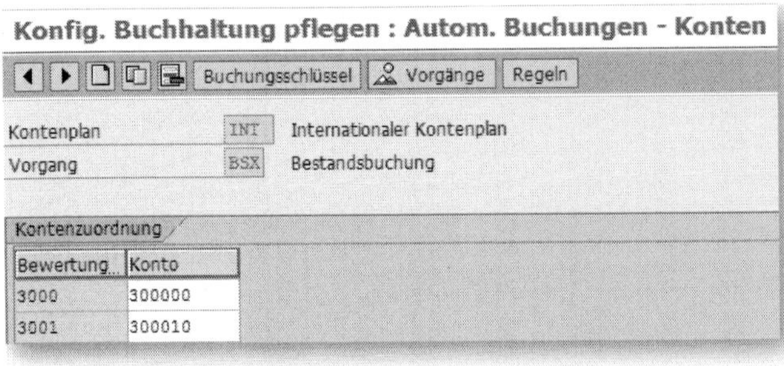

Abbildung 3.13: Bilanzkontenfindung Warenausgänge

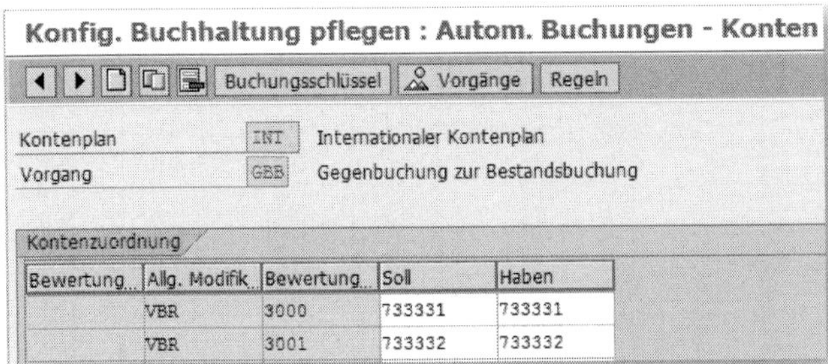

Abbildung 3.14: GuV-Kontenfindung Warenausgänge

In der Bilanz wird auf den Bestandskonten der Warenabgang vom Lager im HABEN gebucht. In der GuV erfolgt die Buchung des Aufwands auf den Verbrauchskonten im SOLL.

Die Bewertungsklasse haben wir im Materialstamm des jeweiligen Rohstoffes hinterlegt, wie bereits in Abschnitt 1.2.1 dargestellt und erklärt.

Da bei den Verbrauchsbuchungen Sachkonten angesprochen werden, die wir auch als Kostenarten angelegt haben (vgl. Abbildung 1.6), wird außerdem ein *Kostenrechnungsbeleg* für das Controlling erzeugt (siehe Abbildung 3.15). Das CO-Objekt ist unser Fertigungsauftrag.

CO-Objekt

Bei Buchungen auf Kostenarten muss immer ein CO-Objekt angegeben werden.

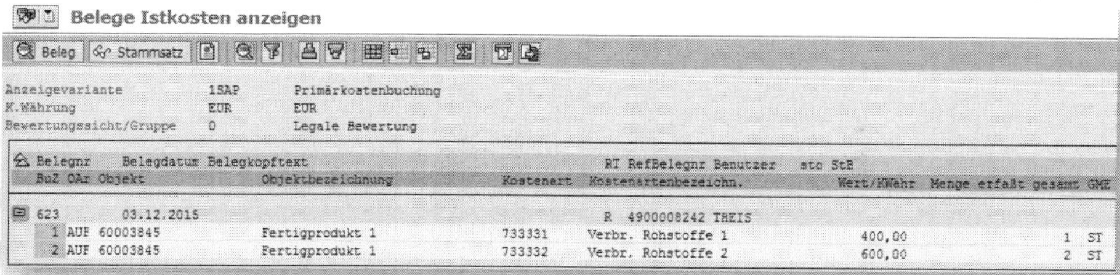

Abbildung 3.15: Kostenrechnungsbeleg

Schauen wir uns jetzt die **Kostenanalyse** unseres Fertigungsauftrages an, dann stellen wir fest, dass sich nach der Rückmeldung der Materialverbräuche nun neben der Spalte PLANKOSTEN auch die ersten Zeilen in der Spalte ISTKOSTEN gefüllt haben, und zwar genau mit unseren beiden Materialverbrauchsbuchungen, wie Abbildung 3.16 zeigt.

Vorgang	Herkunft	Kostenart	Herkunft (Text)	Plankosten gesamt	Istkosten gesamt	Währg
Warenausgänge	ET11/ROHSTOFF 1	733331	Rohstoff 1	400,00	400,00	EUR
	ET11/ROHSTOFF 2	733332	Rohstoff 2	600,00	600,00	EUR
Warenausgänge				• **1.000,00**	• **1.000,00**	**EUR**
Rückmeldungen	KS1/999	943111	Büro 1 / Personalstunden	500,00	0,00	EUR
Rückmeldungen				• **500,00**	• **0,00**	**EUR**
Zuschläge	KS3	941111	Einkauf	50,00	0,00	EUR
	KS4	941222	Produktionsleitung	100,00	0,00	EUR
Zuschläge				• **150,00**	• **0,00**	**EUR**
Wareneingang	ET11/FERT1	711111	Fertigprodukt 1	1.650,00-	0,00	EUR
Wareneingang				• **1.650,00-**	• **0,00**	**EUR**
				•• **0,00**	•• **1.000,00**	**EUR**

Abbildung 3.16: Kostenanalyse Fertigungsauftrag

Die Rohstoffverbräuche für unseren Fertigungsauftrag haben Buchhaltungs- und Kostenrechnungsbelege erzeugt. Genau diese Buchungen haben wir in unserem Werteflussschaubild FI/CO/CO-PA dargestellt (siehe Abbildung 3.17).

Finanzwesen (FI)		Controlling				
		Kostenstelle	Fertigungsauftrag	Ergebnisobjekt (CO-PA)		
GuV	Wert	Wert	Wert	DB-Struktur	Ist-Wert	Kalk. Werte
Umsatz						
Umsatzerlöse				Bruttoumsatz		
Erlösschmälerungen				Rabatte		
Bestandsveränderungen				Fakturaumsatz	0	
WE Fertige Erzeugnisse						
WE Fertige Erzeugnisse						
WA Fertige Erzeugnisse				Kosten des WA		
Produktionsabweichung				Produktionsabw.		
Materialaufwand						
Verbrauch Rohstoffe	1.000		1.000	Materialeinsatz		
MGK				MGK		
Personalaufwand						
Personalstunden				Fertigungskosten		
FGK				FGK		
Löhne Produktion	1.500	1.500				
Gehalt Prod.Ltg.	1.000	1.000		Deckungsbeitrag	0	
Löhne Einkauf	1.000	1.000				
Sonstiges						
Umlage CCA->CO-PA				Umlagen		
Ergebnis	4.500	3.500	1.000	Ergebnis	0	

Abbildung 3.17: Wertefluss FI/CO/CO-PA (I)

3.2.2 RÜCKMELDUNGEN

Rufen wir uns auch hier noch mal die relevanten Informationen aus Abschnitt 1.2.2 in Erinnerung. Die Rückmeldungen bzw. die Personalkosten ergeben sich aus den erbrachten Personalstunden multipliziert mit dem zugrunde gelegten Tarif. Wir haben einen Tarif von 5 EUR auf der Kostenstelle KS1 und der Leistungsart 999 mit der Transaktion KP26 geplant.

Wie wir ebenfalls bereits wissen, haben wir im **Arbeitsplan** unseres Fertigproduktes FERT1 hinterlegt, dass wir 100 Stunden zur Herstellung an Arbeitsplatz PROD benötigen. Mit diesen Stunden haben wir auch die Herstellkosten kalkuliert.

In unserem Beispiel gehen wir nun für die Rückmeldungen der benötigten Arbeitszeiten davon aus, dass wir nicht 100 sondern 160 Stunden für die Herstellung brauchen. Wir werden also an dieser Stelle eine Abweichung zur Standardkalkulation erzeugen.

Abweichung Standardkalkulation

In der Praxis ist es normal, dass Istwerte von der Standardkalkulation abweichen. So können etwa die Rohstoffpreise während eines Jahres ständig variieren, oder es wird einfach mehr Zeit benötigt, um ein Produkt herzustellen.

Als Resultat ergeben sich aus der Rückmeldung der Personalstunden diese drei Belege:

- Rückmeldungsbeleg
- Kostenrechnungsbeleg
- Buchhaltungsbeleg

Wie bereits geschildert, haben wir 160 Stunden auf den Fertigungsauftrag zurückgemeldet. Genau diese 160 geleisteten PERSONALSTUNDEN finden wir auch im Rückmeldungsbeleg wieder (siehe Abbildung 3.18).

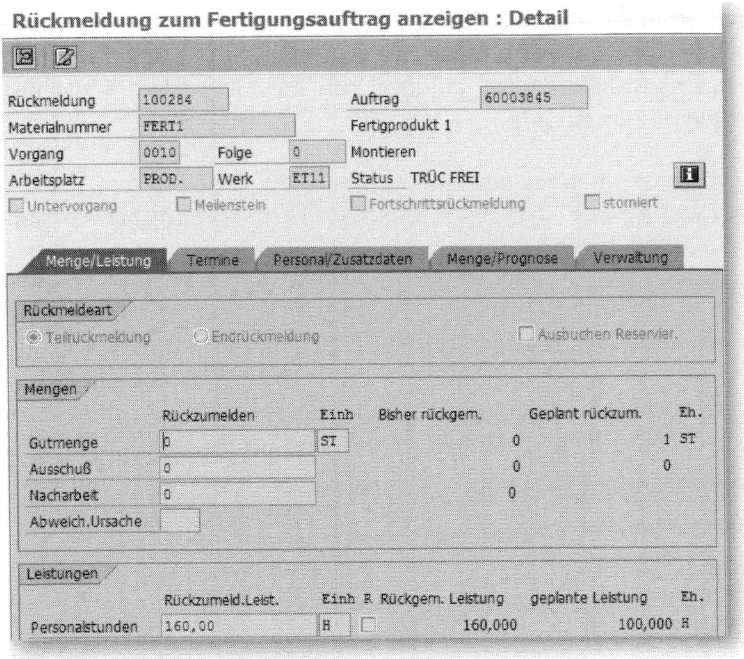

Abbildung 3.18: Rückmeldungsbeleg

Da die Rückmeldung, bzw. die Entlastung der Kostenstelle `KS1` und Belastung unseres Fertigungsauftrages `FERT1` das Controlling betreffen, wird ein Kostenrechnungsbeleg erzeugt (siehe Abbildung 3.19). Die Buchung (auch als *Interne Leistungsverrechnung* bezeichnet) erfolgt auf der sekundären KOSTENART `943111 – Personal Stunden`. Der Wert von `800 EUR` ergibt sich aus der Multiplikation der `160 Stunden` mit `5 EUR` aus der Kostenstellentarifplanung.

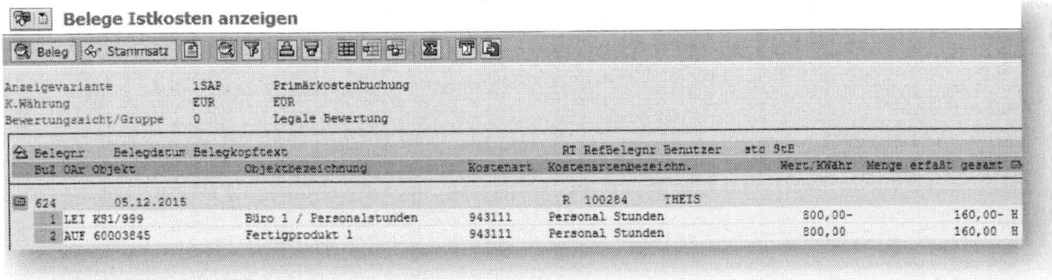

Abbildung 3.19: Kostenrechnungsbeleg

Nun fragen Sie sich bestimmt, warum bei einer Buchung auf sekundären Kostenarten innerhalb des Controllings eine FI-Buchung und somit ein Buchhaltungsbeleg erzeugt werden (siehe Abbildung 3.20) Das Geheimnis dahinter heißt *Echtzeitintegration*.

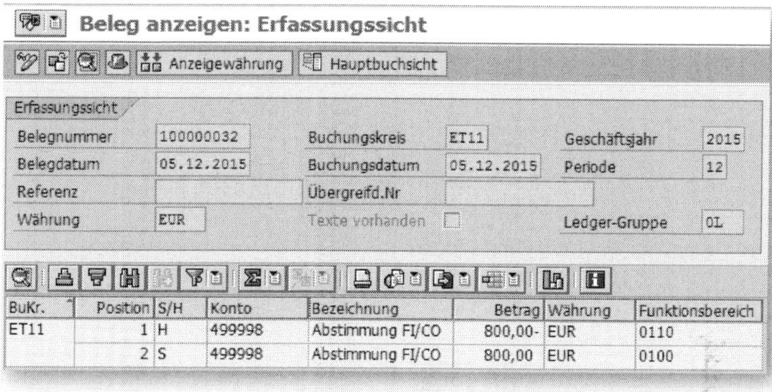

Abbildung 3.20: Buchhaltungsbeleg

Wir haben in unserem Buchungskreis im Customizing die ECHTZEITINTEGRATION aktiviert. In unserem Fall wurden die Einstellungen so gewählt, dass bei sekundären Buchungen nicht immer, sondern nur für ausgewählte Kriterien ein FI-Beleg fortgeschrieben wird (siehe Abbildung 3.21).

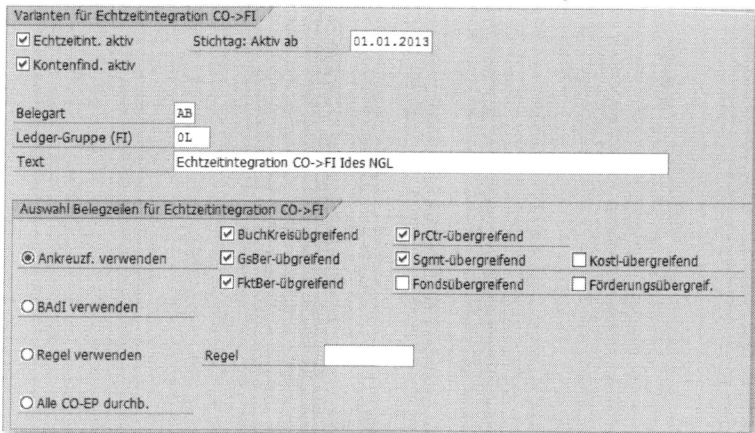

Abbildung 3.21: Echtzeitintegration

Das bedeutet für uns: Bei Verrechnungen innerhalb des Controllings zwischen zwei Controlling-Objekten mit einer sekundären Kostenart werden Buchungen erzeugt, die eins der Controlling-Objekte entlasten und das andere belasten. Für die Finanzbuchhaltung hat dies meist keine Auswirkung.

Wenn allerdings eine Verrechnung im Controlling z. B. zu einer Änderung des Funktionsbereichs führt (wie in unserem Beispiel in Abbildung 3.20 die Spalte FUNKTIONSBEREICH zeigt), wird diese Information an die Finanzbuchhaltung über die Echtzeitintegration weitergegeben.

Exkurs zum Funktionsbereich

Ein Funktionsbereich dient der Darstellung der GuV nach dem *Umsatzkostenverfahren (UKV)*. Wenn Sie das *Neue Hauptbuch* in FI nutzen und das Umsatzkostenverfahren im Customizing aktiviert haben, ist der Funktionsbereich bereits ein fester Bestandteil Ihrer Auswertungsmöglichkeiten; beim klassischen Hauptbuch können Sie das UKV im *UKV-Ledger* oder einem *speziellen Ledger* abbilden.

Durch die Echtzeitintegration werden alle für die Finanzbuchhaltung relevanten CO-Belege simultan an die Finanzbuchhaltung über ein *Echtzeitintegrationskonto* übergeben. Der Saldo dieses Kontos ist immer »null« aufgrund gleichzeitiger Be- und Entlastung im Controlling. Dadurch ist die Finanzbuchhaltung stets mit dem Controlling abgestimmt.

Aus diesem Grund wird bei unserer Rückmeldung ein Rechnungswesensbeleg erstellt. Durch die Entlastung der Kostenstelle `KS1` mit dem Funktionsbereich `0110` und der Belastung unseres Fertigungsauftrages mit dem Funktionsbereich `0100` haben wir eben einen solchen Wechsel erzeugt und geben dadurch die Information an die Finanzbuchhaltung weiter.

Vermeiden Sie »Alle CO-Einzelposten durchbuchen«

Setzen wir in den Einstellungen der Echtzeitintegration das Häkchen bei ALLE CO-EP DURCHB., wird generell bei allen sekundären CO-Buchungen ein FI-Beleg erzeugt, völlig unabhängig davon, ob bspw. ein Funktionsbereichs- oder Profit-Center-Wechsel stattfindet oder nicht. Das Setzen dieses Kennzeichens führt zu einer sehr großen Anzahl an FI-Belegen. Von der SAP ist daher diese Einstellung nur für Testzwecke empfohlen.

Schauen wir uns jetzt die Kostenanalyse unseres Fertigungsauftrages erneut an, werden wir feststellen, dass wir weiteren Zuwachs in der Spalte ISTKOSTEN bekommen haben: Die Zeile RÜCKMELDUNGEN hat sich mit einem Wert gefüllt. Dies ist genau der Wert, der aus unserer internen Leistungsverrechnung der Personalstunden stammt (siehe Abbildung 3.22).

Vorgang	Herkunft	Kostenart	Herkunft (Text)	Σ Plankosten gesamt	Σ Istkosten gesamt	Währg
Warenausgänge	ET11/ROHSTOFF 1	733331	Rohstoff 1	400,00	400,00	EUR
	ET11/ROHSTOFF 2	733332	Rohstoff 2	600,00	600,00	EUR
Warenausgänge				▪ **1.000,00**	▪ **1.000,00**	**EUR**
Rückmeldungen	KS1/999	943111	Büro 1 / Personalstunden	500,00	800,00	EUR
Rückmeldungen				▪ **500,00**	▪ **800,00**	**EUR**
Zuschläge	KS3	941111	Einkauf	50,00	0,00	EUR
	KS4	941222	Produktionsleitung	100,00	0,00	EUR
Zuschläge				▪ **150,00**	▪ **0,00**	**EUR**
Wareneingang	ET11/FERT1	711111	Fertigprodukt 1	1.650,00-	0,00	EUR
Wareneingang				▪ **1.650,00-**	▪ **0,00**	**EUR**
				▪▪ **0,00**	▪▪ **1.800,00**	**EUR**

Abbildung 3.22: Kostenanalyse Fertigungsauftrag

Auch diese Buchung wirkt sich auf unseren Wertefluss FI/CO/CO-PA aus (siehe Abbildung 3.23): Wir haben die KOSTENSTELLE `KS1` mit `800 EUR` entlastet und unseren FERTIGUNGSAUFTRAG mit den `800 EUR` belastet (`160 Stunden` multipliziert mit `5 EUR`).

Finanzwesen (FI)		Controlling				
		Kostenstelle	Fertigungs-auftrag	Ergebnisobjekt (CO-PA)		
GuV	Wert	Wert	Wert	DB-Struktur	Ist-Wert	Kalk. Werte
Umsatz						
Umsatzerlöse				Bruttoumsatz		
Erlösschmälerungen				Rabatte		
Bestandsveränderungen				Fakturaumsatz	0	
WE Fertige Erzeugnisse						
WE Fertige Erzeugnisse						
WA Fertige Erzeugnisse				Kosten des WA		
Produktionsabweichung				Produktionsabw.		
Materialaufwand						
Verbrauch Rohstoffe	1.000		1.000	Materialeinsatz		
MGK				MGK		
Personalaufwand						
Personalstunden		-800	800	Fertigungskosten		
FGK				FGK		
Löhne Produktion	1.500	1.500				
Gehalt Prod.Ltg.	1.000	1.000		Deckungsbeitrag	0	
Löhne Einkauf	1.000	1.000				
Sonstiges						
Umlage CCA->CO-PA				Umlagen		
Ergebnis	4.500	2.700	1.800	Ergebnis	0	

Abbildung 3.23: Wertefluss FI/CO/CO-PA (II)

3.2.3 WARENEINGANG

Wie wir im Abschnitt 1.2.2 beschrieben haben, wird der Wareneingang immer zum Standardpreis aus dem Materialstamm ans Lager gebucht. Um diesen Standardpreis zu ermitteln, haben wir eine Standardkalkulation durchgeführt und den durch die Kalkulation ermittelten Preis in das Feld STANDARDPREIS im Materialstamm unseres Fertigungsproduktes `FERT1` geschrieben. Abbildung 3.24 zeigt noch einmal den STANDARDPREIS im Materialstamm unseres Produktes `FERT1`. Ist dieses komplett produziert, erfolgt die Buchung ans Lager.

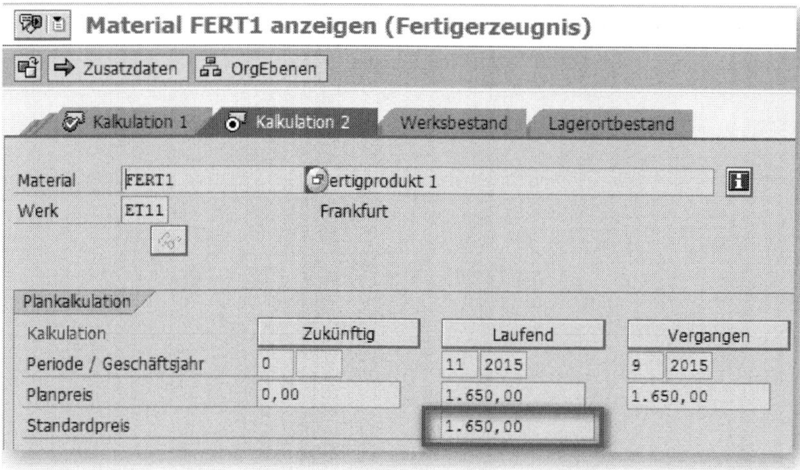

Abbildung 3.24: Standardpreis FERT1

Als Resultat erhalten wir die folgenden Belege:

- Materialbeleg,
- Buchhaltungsbeleg,
- Kostenrechnungsbeleg.

Wie schon bei den Rohstoffverbräuchen auf unseren Fertigungsauftrag, wird auch hier ein Materialbeleg erzeugt (siehe Abbildung 3.25) – es handelt sich ja schließlich um eine Warenbewegung. Unser Fertigprodukt `FERT1` wurde ans Lager gebucht und wartet nun darauf, geliefert und fakturiert zu werden.

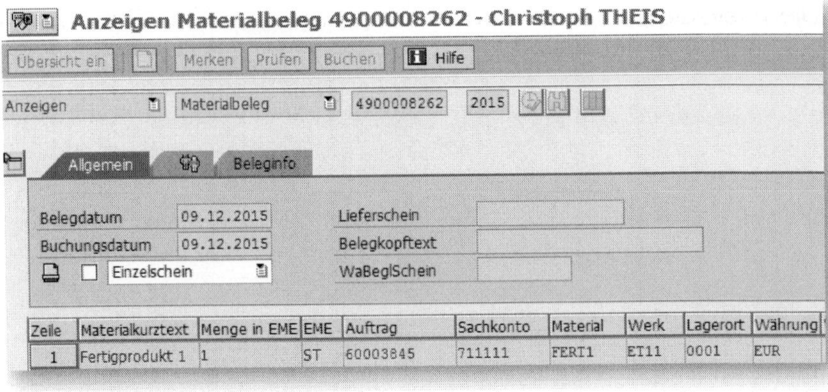

Abbildung 3.25: Materialbeleg

Die Wareneingangsbuchung ist ebenfalls eine für die Finanzbuchhaltung relevante Bewegung. Aus diesem Grund wird ein Buchhaltungsbeleg erzeugt (siehe Abbildung 3.26). Der Wareneingang wird auf Sachkonten verbucht.

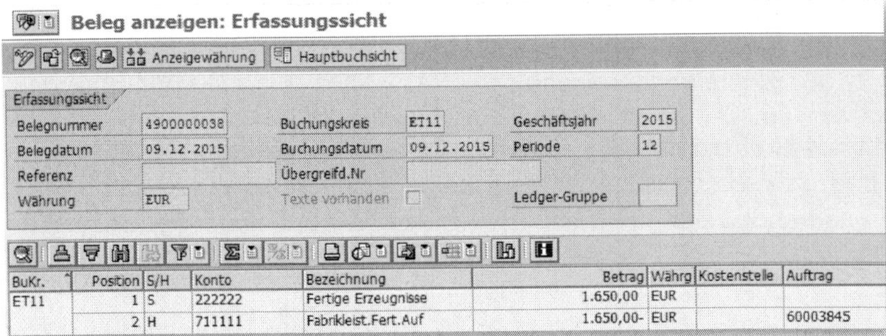

Abbildung 3.26: Buchhaltungsbeleg

Die relevanten Sachkonten werden, wie schon bei den Rohstoffverbräuchen, über die *Kontenfindung MM* ermittelt, die in der Transaktion `OBYC` gepflegt wird, was die Abbildung 3.27 und Abbildung 3.28 zeigen.

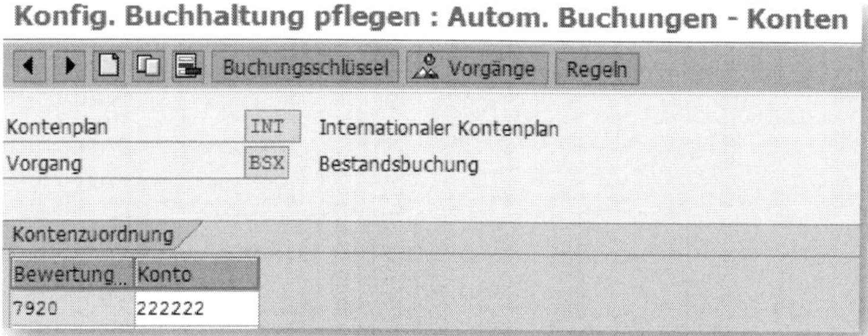

Abbildung 3.27: Bilanzkontenfindung Wareneingang

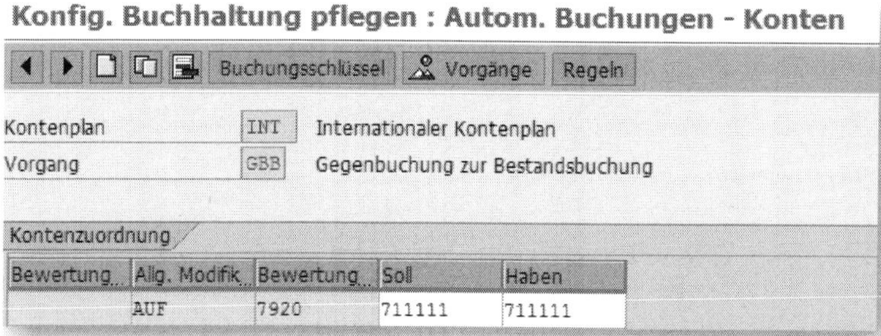

Abbildung 3.28: GuV-Kontenfindung Wareneingang

Auf dem Bestandskonto wird im Soll der Wareneingang auf das Lager in der Bilanz gebucht. Im Haben wird auf dem Verbrauchskonto die Bestandsveränderung in der GuV gebucht. Die Bewertungsklasse haben wir im Materialstamm hinterlegt, wie bereits in Abschnitt 1.2.1 dargestellt und erklärt. Dort hatten wir unserem Fertigprodukt die Bewertungsklasse `7920` zugeordnet.

Bei der Wareneingangsbuchung handelt es sich um eine Bestandsveränderung, die Auswirkungen auf die GuV hat. Wir haben das GuV-Konto `711111` (Fabrikleistung Fertigungs-Aufträge) bebucht, welches wir auch als Kostenart angelegt haben. GuV-relevante Vorgänge wirken sich, wie bereits erwähnt, immer auch auf das Controlling aus. Aus diesem Grund wird bei der Wareneingangsbuchung ein Kostenrechnungsbeleg erzeugt (siehe Abbildung 3.29). Unser Fertigungsauftrag ist in diesem Fall unser CO-Objekt.

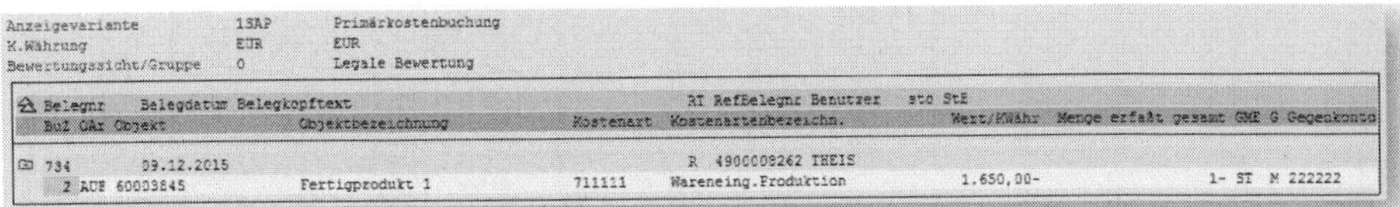
```
Anzeigevariante          1SAP      Primärkostenbuchung
K.Währung                EUR       EUR
Bewertungssicht/Gruppe   0         Legale Bewertung

Belegnr    Belegdatum Belegkopftext                RT RefBelegnr Benutzer   sto StE
BuZ OAr Objekt          Objektbezeichnung   Kostenart  Kostenartenbezeichn.   Wert/KWähr  Menge erfaßt gesamt GME G Gegenkonto

734        09.12.2015                                  R  4900009262 THEIS
  2 AUF 60003845        Fertigprodukt 1     711111     Wareneing.Produktion   1.650,00-   1- ST  M 222222
```

Abbildung 3.29: Kostenrechnungsbeleg

Betrachten wir nach der getätigten Wareneingangsbuchung unsere Kostenanalyse. Wie wir in Abbildung 3.30 feststellen, ist auch die Zeile WARENEINGANG durch unsere Buchung gefüllt worden.

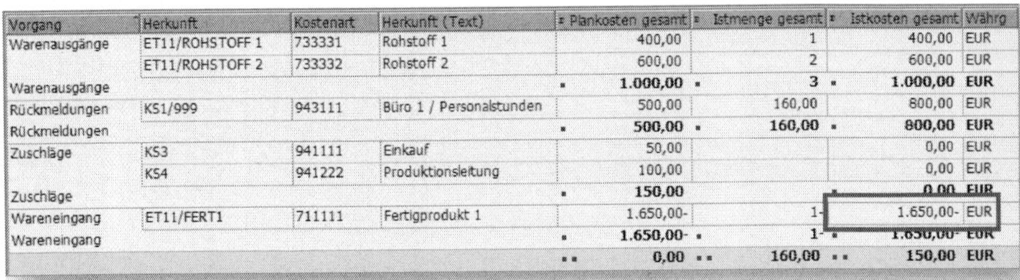

Vorgang	Herkunft	Kostenart	Herkunft (Text)	Plankosten gesamt	Istmenge gesamt	Istkosten gesamt	Währg
Warenausgänge	ET11/ROHSTOFF 1	733331	Rohstoff 1	400,00	1	400,00	EUR
	ET11/ROHSTOFF 2	733332	Rohstoff 2	600,00	2	600,00	EUR
Warenausgänge				**1.000,00**	**3**	**1.000,00**	**EUR**
Rückmeldungen	KS1/999	943111	Büro 1 / Personalstunden	500,00	160,00	800,00	EUR
Rückmeldungen				**500,00**	**160,00**	**800,00**	**EUR**
Zuschläge	KS3	941111	Einkauf	50,00		0,00	EUR
	KS4	941222	Produktionsleitung	100,00		0,00	EUR
Zuschläge				**150,00**		**0,00**	**EUR**
Wareneingang	ET11/FERT1	711111	Fertigprodukt 1	1.650,00-	1-	1.650,00-	EUR
Wareneingang				**1.650,00-**	**1-**	**1.650,00-**	**EUR**
				0,00	**160,00**	**150,00**	**EUR**

Abbildung 3.30: Kostenanalyse Fertigungsauftrag

Wie sich die Wareneingangsbuchung auf unseren Wertefluss FI/CO/CO-PA auswirkt, sehen Sie in Abbildung 3.31.

Finanzwesen (FI)		Controlling				
		Kostenstelle	Fertigungs-auftrag	Ergebnisobjekt (CO-PA)		
GuV	Wert	Wert	Wert	DB-Struktur	Ist-Wert	Kalk. Werte
Umsatz						
Umsatzerlöse				Bruttoumsatz		
Erlösschmälerungen				Rabatte		
Bestandsveränderungen				Fakturaumsatz	0	
WE Fertige Erzeugnisse	-1.650		-1.650			
WE Fertige Erzeugnisse						
WA Fertige Erzeugnisse				Kosten des WA		
Produktionsabweichung				Produktionsabw.		
Materialaufwand						
Verbrauch Rohstoffe	1.000		1.000	Materialeinsatz		
MGK				MGK		
Personalaufwand						
Personalstunden		-800	800	Fertigungskosten		
FGK				FGK		
Löhne Produktion	1.500	1.500				
Gehalt Prod.Ltg.	1.000	1.000		Deckungsbeitrag	0	
Löhne Einkauf	1.000	1.000				
Sonstiges						
Umlage CCA->CO-PA				Umlagen		
Ergebnis	2.850	2.700	150	Ergebnis	0	

Abbildung 3.31: Wertefluss FI/CO/CO-PA (III)

Die Spalte FERTIGUNGSAUFTRAG zeigt nun exakt das Bild, das wir soeben in der Kostenanalyse gesehen haben: Neben den bereits gebuchten Rohstoffverbräuchen und Personalkosten ist jetzt auch die Buchung des Wareneingangs zu sehen, die neben dem Fertigungsauftrag als Kontierungsobjekt im Controlling Auswirkung auf die GuV hat.

An dieser Stelle ist der Produktionsprozess beendet. Unser Fertigprodukt FERT1 ist hergestellt und steht am Lager zum Verkauf bereit.

Um unseren Fertigungsauftrag kostentechnisch abschließen zu können, müssen wir noch zwei Vorgänge durchführen, die im Rahmen des Monatsabschlusses erledigt werden. Es handelt sich um die *Ist-Zuschlagskalkulation* und die *Abrechnung der Abweichungen* unseres Fertigungsauftrages. Diese beiden Vorgänge schauen wir uns im nächsten Abschnitt im Detail an.

3.3 (Monats-)Abschluss Fertigungsauftrag

3.3.1 Zuschläge kalkulieren

Als ersten Schritt im Abschlussprozess führen wir unsere Zuschlagskalkulation aus, um unseren Fertigungsauftrag anhand der gebuchten Rohstoffverbräuche und Personalstunden mit den entsprechenden Materialgemeinkosten und Fertigungsgemeinkosten zu belasten.

Die Buchung der *Ist-Zuschläge* ist nun ganz eindeutig CO-Territorium, d. h., die Ist-Zuschläge werden aktiv über den Controller angestoßen. Die bis jetzt gebuchten Vorgänge »Warenausgangsbuchung«, »Rückmeldung der Personalstunden« und »Wareneingangsbuchung« haben zwar Auswirkungen auf den Finanz- und Controllingbereich, werden aber von Produktionsmitarbeitern ausgeführt. Dies haben wir mit der Transaktion `CO11N` erledigt.

Die Ist-Zuschlagskalkulation wird normalerweise im Rahmen des Monatsabschlusses für alle Fertigungsaufträge mit Ist-Buchungen durchgeführt. Auch wir werden sie für unseren Fertigungsauftrag an dieser Stelle anwenden, um dann alle Istkosten vollständig auf dem Produktionsauftrag verbucht zu haben.

An dieser Stelle rufen wir uns noch mal einige Informationen bezüglich des Kalkulationsschemas aus Abschnitt 1.2.2 in Erinnerung (Ihnen wird wahrscheinlich langsam klar, warum wir am Anfang unseres Buches so auf die erforderlichen Voraussetzungen wie Artikelstammdaten und Materialkalkulationen gepocht haben). Hier hatten wir bereits den Aufbau unseres Kalkulationsschemas dargestellt.

Wir haben zwei Zuschläge definiert: den Material- und den Fertigungsgemeinkostenzuschlag. Die Definitionen sehen folgendermaßen aus:

Materialgemeinkostenzuschlag

- Basis: Materialverbrauchskonten `733331` (Rohstoff 1) und `733332` (Rohstoff 2)
- Zuschlagssatz: `5 %`
- Entlastungskostenstelle `KS3` (Einkauf)

Fertigungsgemeinkostenzuschlag

- Basis: Konto `941222` (Personal Stunden)
- Zuschlagssatz: `20 %`
- Entlastungskostenstelle `KS4` (Produktionsleitung)

Die Ist-Zuschlagskalkulation führen wir für unser überschaubares Beispiel mit der Transaktion `KGI2` (Einzelverarbeitung Zuschläge) aus. Diese Transaktion ermöglicht es uns, die Zuschläge auf genau einen Produktionsauftrag zu berechnen (siehe Abbildung 3.32).

Ist-Zuschläge Monatsabschluss

Im Monatsabschluss würde man die Zuschläge für jeden Produktionsauftrag nicht einzeln durchführen, sondern mit der Massentransaktion `CO43` (Sammelverarbeitung Zuschläge) arbeiten. Hier wählt man das entsprechende Werk aus, und SAP kalkuliert und bucht zu jedem relevanten Fertigungsauftrag die entsprechenden Ist-Zuschläge.

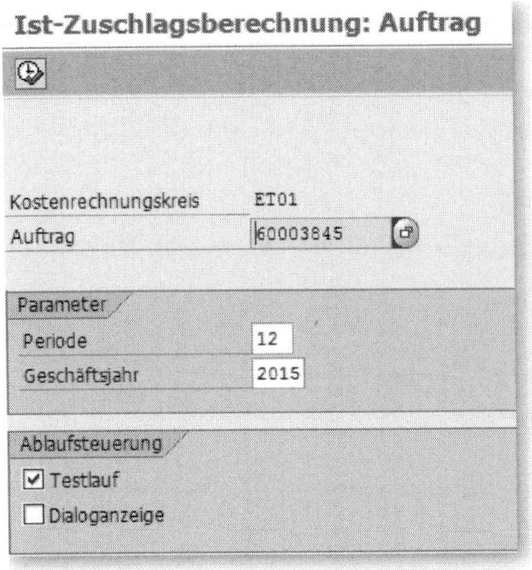

Abbildung 3.32: KGI2 – Ist-Zuschläge ausführen

Wir wählen unseren Fertigungsauftrag 60003845 aus, geben zusätzlich die entsprechende BuchungsPERIODE und das GESCHÄFTSJAHR mit und können sodann die Ist-Zuschlagskalkulation ausführen. Sie können zunächst einen Probelauf für die Berechnung vornehmen, indem Sie die Checkbox TESTLAUF auswählen. Entfernen Sie den Haken, bucht SAP die entsprechenden Zuschläge auf den Fertigungsauftrag, oder genauer gesagt, die im Kalkulationsschema hinterlegten Kostenstellen werden um den prozentualen Zuschlagssatz entlastet und unser Fertigungsauftrag entsprechend belastet.

Abbildung 3.33 zeigt das Resultat unserer Berechnung.

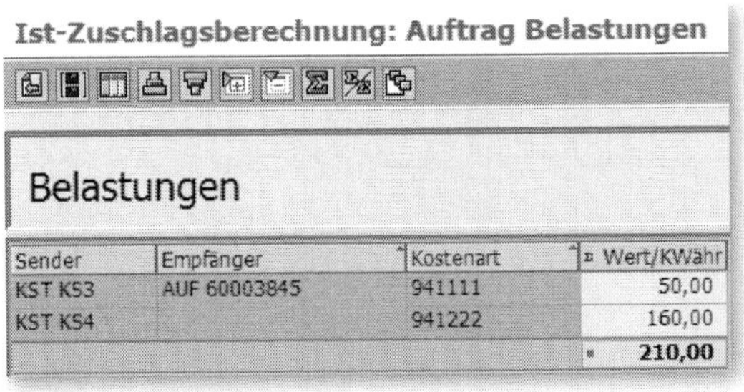

Abbildung 3.33: KGI2 – Ergebnis Ist-Zuschlagskalkulation

Es sind zwei Zeilen abgebildet, wobei die erste Zeile den Materialgemeinkostenzuschlag von `5 %` auf `1.000 EUR` Rohstoffeinsatz und die zweite den Fertigungsgemeinkostenzuschlag von `20 %` auf `800 EUR` darstellt.

Betrachten wir die erzeugten Belege aus dieser Ist-Zuschlagsberechnung:

- Kostenrechnungsbeleg und
- Buchhaltungsbeleg.

Es wird ein Kostenrechnungsbeleg erzeugt (siehe Abbildung 3.34). Demnach hat die Zuschlagskalkulation Auswirkungen auf das Controlling. Durch diese Zuschläge werden unsere Gemeinkosten wie `Einkauf` und `Produktionsleitung` auf den entsprechenden Kostenstellen entlastet, und unser Fertigungsauftrag wird mit den prozentualen Zuschlägen belastet. Wie schon bei der Rückmeldung der Personalstunden, handelt es sich bei den Zuschlägen um eine sekundäre Buchung innerhalb des Controllings. Die genutzten sekundären Kostenarten `941111` (Zuschlag Material) und `941222` (Zuschlag Fertigung) hatten wir in unserem Kalkulationsschema `ZZUSCH` hinterlegt (vgl. Abschnitt 1.2.2).

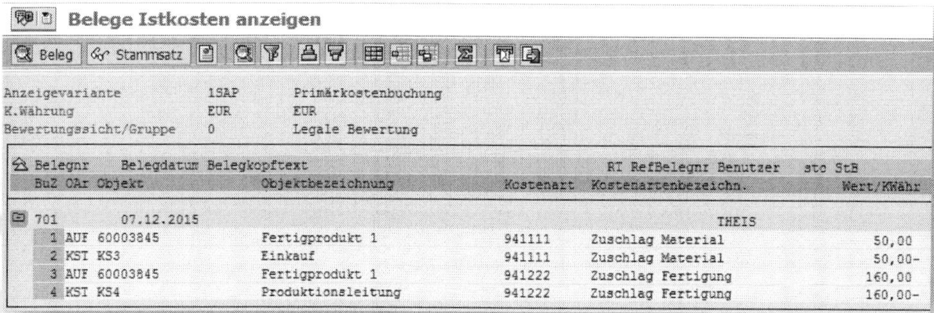

Abbildung 3.34: Kostenrechnungsbeleg

Gleichzeitig wird bei unserer Ist-Zuschlagkalkulation ein Buchhaltungsbeleg erzeugt (siehe Abbildung 3.35) – wiederum das gleiche Prinzip wie bei den Rückmeldungen der Personalstunden:

Auch wenn es sich um eine sekundäre CO-Buchung innerhalb des Controllings handelt, bei der in unserem Beispiel Kostenstellen entlastet und Fertigungsaufträge belastet werden, findet zusätzlich ein Funktionsbereichswechsel statt, und zwar von »keinem« auf Funktionsbereich `0100`.

Buchungen OHNE Funktionsbereich

Normalerweise sollten alle Buchungen einen Funktionsbereich enthalten. Dass in unserem Fall Buchungen ohne Funktionsbereich existieren, ist einzig und allein unserem gewählten Beispiel und den vorgenommenen Stammdateneinstellungen geschuldet. Einem bekannten SAP-Berater fiel zu dieser Konstellation nur ein Wort ein: »böse«. Aber das Prinzip wird auch anhand von diesem Beispiel klar, da nun mal ein Wechsel des Funktionsbereichs vorhanden ist, der zur Erzeugung eines Buchhaltungsbeleges führt.

Erneut kommt also das Zauberwort der »Echtzeitintegration« vom CO ins FI ins Spiel.

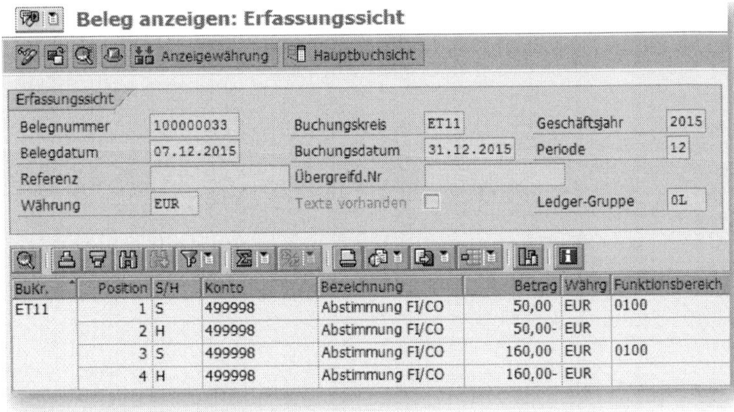

BuKr.	Position	S/H	Konto	Bezeichnung	Betrag	Währg	Funktionsbereich
ET11	1	S	499998	Abstimmung FI/CO	50,00	EUR	0100
	2	H	499998	Abstimmung FI/CO	50,00-	EUR	
	3	S	499998	Abstimmung FI/CO	160,00	EUR	0100
	4	H	499998	Abstimmung FI/CO	160,00-	EUR	

Abbildung 3.35: Buchhaltungsbeleg

Wenden wir uns erneut der Kostenanalyse unseres Fertigungsauftrages zu. Wie wir in Abbildung 3.36 sehen, sind nun alle Zeilen in der

Spalte ISTKOSTEN gefüllt. Das bedeutet, dass alle Istkosten auf unserem Fertigungsauftrag gebucht sind.

Vorgang	Herkunft	Kostenart	Herkunft (Text)	Σ Plankosten gesamt	Σ Istmenge gesamt	Σ Istkosten gesamt	Währg
Warenausgänge	ET11/ROHSTOFF 1	733331	Rohstoff 1	400,00	1	400,00	EUR
	ET11/ROHSTOFF 2	733332	Rohstoff 2	600,00	2	600,00	EUR
Warenausgänge				▪ **1.000,00**	▪ **3**	▪ **1.000,00**	**EUR**
Rückmeldungen	KS1/999	943111	Büro 1 / Personalstunden	500,00	160,00	800,00	EUR
Rückmeldungen				▪ **500,00**	▪ **160,00**	▪ **800,00**	**EUR**
Zuschläge	KS3	941111	Einkauf	50,00		50,00	EUR
	KS4	941222	Produktionsleitung	100,00		160,00	EUR
Zuschläge				▪ **150,00**		▪ **210,00**	**EUR**
Wareneingang	ET11/FERT1	711111	Fertigprodukt 1	1.650,00-	1-	1.650,00-	EUR
Wareneingang				▪ **1.650,00-**	▪ **1-**	▪ **1.650,00-**	**EUR**
				▪▪ **0,00**	▪▪ **160,00**	▪▪ **360,00**	**EUR**

Abbildung 3.36: Kostenanalyse Fertigungsauftrag

Wir stellen fest, dass als Summe noch ein Rest von `360 EUR` übrig bleibt. Was es mit diesen verbliebenen Kosten auf sich hat bzw. welchen letzten Schritt wir noch durchführen müssen, werden wir gleich noch sehen.

Auch die Zuschlagskalkulation wirkt sich auf unseren Wertefluss aus (siehe Abbildung 3.37). Wir haben die KOSTENSTELLEN `KS3` mit `50 EUR` und `KS4` mit `160 EUR` entlastet sowie unseren FERTIGUNGSAUFTRAG mit jeweils `50 EUR` und `160 EUR` belastet.

Finanzwesen (FI)		Controlling				
		Kostenstelle	Fertigungsauftrag	Ergebnisobjekt (CO-PA)		
GuV	Wert	Wert	Wert	DB-Struktur	Ist-Wert	Kalk. Werte
Umsatz						
Umsatzerlöse				Bruttoumsatz		
Erlösschmälerungen				Rabatte		
Bestandsveränderungen				Fakturaumsatz	0	
WE Fertige Erzeugnisse	-1.650		-1.650			
WE Fertige Erzeugnisse						
WA Fertige Erzeugnisse				Kosten des WA		
Produktionsabweichung				Produktionsabw.		
Materialaufwand						
Verbrauch Rohstoffe	1.000		1.000	Materialeinsatz		
MGK		-50	50	MGK		
Personalaufwand						
Personalstunden		-800	800	Fertigungskosten		
FGK		-160	160	FGK		
Löhne Produktion	1.500	1.500				
Gehalt Prod.Ltg.	1.000	1.000		Deckungsbeitrag	0	
Löhne Einkauf	1.000	1.000				
Sonstiges						
Umlage CCA->CO-PA				Umlagen		
Ergebnis	2.850	2.490	360	Ergebnis	0	

Abbildung 3.37: Wertefluss FI/CO/CO-PA (IV)

3.3.2 Abweichung abrechnen

Wie versprochen folgt jetzt mit dem zweiten Schritt die Klärung und Handhabung der übrig gebliebenen `360 EUR` auf dem Fertigungsauftrag. Es handelt sich hierbei um die *Abweichung* zwischen unseren gebuchten Istkosten und der Standardkalkulation bzw. den Sollkosten.

Schauen wir uns den aktuellen Stand der ISTKOSTEN-Spalte unserer Kostenanalyse in Abbildung 3.36 erneut an.

Auf unserem Fertigungsauftrag haben wir zur Herstellung unseres Produktes `FERT1` Rohstoffe im Wert von `1.000 EUR` eingesetzt und Personalstunden im Wert von `800 EUR` verbucht. Zusätzlich haben wir den Fertigungsauftrag mit Materialgemeinkosten in Höhe von `50 EUR` und Fertigungsgemeinkosten in Höhe von `160 EUR` belastet. Somit betragen unsere Ist-Herstellkosten `2.010 EUR`, also genau die Summe aus den genannten Vorgängen.

Nach der Fertigstellung haben wir unser Produkt schließlich mittels Wareneingangsbuchung mit dem Wert von `1.650 EUR` auf das Lager gebucht. Im Abschnitt 1.2.2 haben wir bereits dargelegt, warum die Wareneingangsbuchung mit dem Standardpreis aus dem Materialstamm durchgeführt wird, der eben nun mal `1.650 EUR` beträgt.

Bilden wir die Differenz aus den Ist-Herstellkosten von `2.010 EUR` und der Wareneingangsbuchung von `1.650 EUR`, so ergibt sich genau der Betrag, den wir auf dem Fertigungsauftrag als Differenz sehen: `360 EUR`.

Diese sogenannte *Abweichung* zwischen den Ist-Herstellkosten und dem Standardpreis müssen wir nun abrechnen, um den Fertigungsauftrag komplett abschließen zu können.

Sowohl die Ermittlung als auch die Abrechnung der Abweichung sind – wie schon die Ist-Zuschlagskalkulation – reines CO-Territorium bzw. eine Monatsabschlusstätigkeit innerhalb des Controllings.

Voraussetzungen zur Ermittlung der Abweichung

Für die Abweichungsermittlung müssen die folgenden Voraussetzungen erfüllt sein:

1. Abweichungsschlüssel definieren

Für einen Fertigungsauftrag kann eine Abweichung nur ermittelt werden, wenn ein *Abweichungsschlüssel* im Fertigungsauftrag hinterlegt ist. Dieser wird über die Transaktion `OKV1` definiert. Er gibt an, ob bei der Abweichungsermittlung *Ausschuss* bestimmt werden soll und ob *Einzelposten* fortzuschreiben sind.

In der Transaktion `OKVW` erfolgt die Zuordnung des Abweichungsschlüssels zu einem Werk. Dadurch wird bei der Materialstammdatenanlage dieser Abweichungsschlüssel in der Kalkulationssicht vorgeschlagen. Bei der Anlage eines Fertigungsauftrages wird dann der Abweichungsschlüssel aus der Kalkulationssicht des Materials in den Fertigungsauftrag als *Defaultwert* übertragen.

In unserem Beispiel haben wir den ABWEICHUNGSSCHLÜSSEL `PP1` (Abweichungsermittlung Aufträge) angelegt und unserem WERK `ET11` als Vorschlagswert zugeordnet. Somit ist er bei der Materialstammdatenanlage für unser Fertigprodukt `FERT1` in der Kalkulationssicht 1 hinterlegt und wird automatisch bei der Anlage unseres Fertigungsauftrages in die Kopfdaten übernommen (siehe Abbildung 3.38).

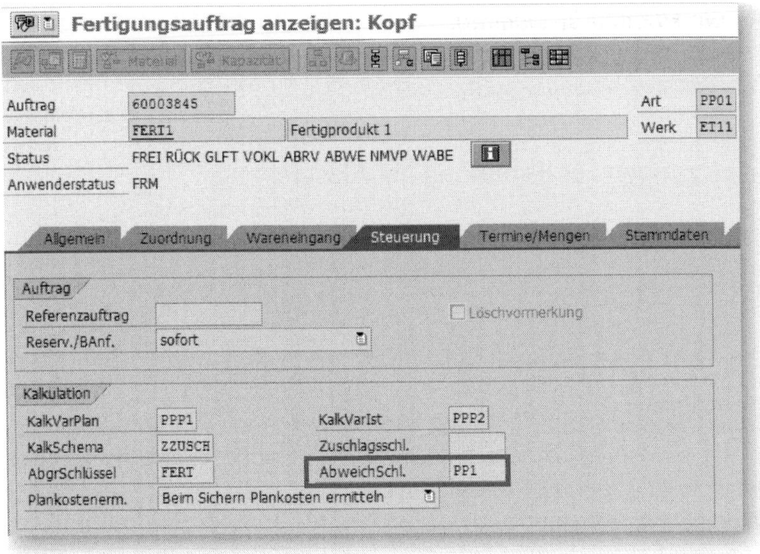

Abbildung 3.38: Abweichungsschlüssel im Fertigungsauftrag

2. Abweichungskategorien definieren

Die *Abweichungskategorien* werden in der *Abweichungsvariante* definiert. Die verschiedenen Abweichungskategorien gliedern die Gesamtabweichung nach ihrer Herkunft.

Folgende Abweichungskategorien stehen zur Verfügung:

- *Einsatzpreisabweichung*:
  Differenz zwischen geplanten und tatsächlichen Preisen von verbrauchten Rohstoffen, wenn sich der V-Preis geändert hat.
- *Einsatzmengenabweichung*:
  Differenz zwischen geplanten Mengen von Rohstoffen oder Fertigungsstunden und den tatsächlich benötigten Mengen.
- *Strukturabweichung*:
  bei Einsatz geänderter Ressourcen; es wird bspw. ein anderer Rohstoff verwendet als geplant.

- *Einsatzrestabweichung*:
  alle anderen Einsatzabweichungen, bspw. eine Differenz zwischen geplanten und tatsächlichen Zuschlägen, wenn sich die Basis geändert hat.
- *Verrechnungspreisabweichung*:
  bei Einsatz von Tarifen, die nicht über die Plantarifermittlung berechnet wurden.
- *Mischpreisabweichung*:
  fällt an, wenn das Fertigmaterial zu Mischpreisen bewertet wird (im Rahmen einer Mischkalkulation).
- *Losgrößenabweichung*:
  ergibt sich aus verschiedenen Losgrößen.
- *Restabweichung*:
  bei allen anderen Abweichungen, die keiner Kategorie zugeordnet werden können; vor allem, wenn keine der anderen Kategorien genutzt wird.

Welche Abweichungskategorien verwendet werden sollen, legen Sie mit der Transaktion `OKVG` fest (siehe Abbildung 3.39). Für unser Beispiel nutzen wir die ABWEICHUNGSVARIANTE `STD` mit allen zur Verfügung stehenden ABWEICHUNGSKATEGORIEN.

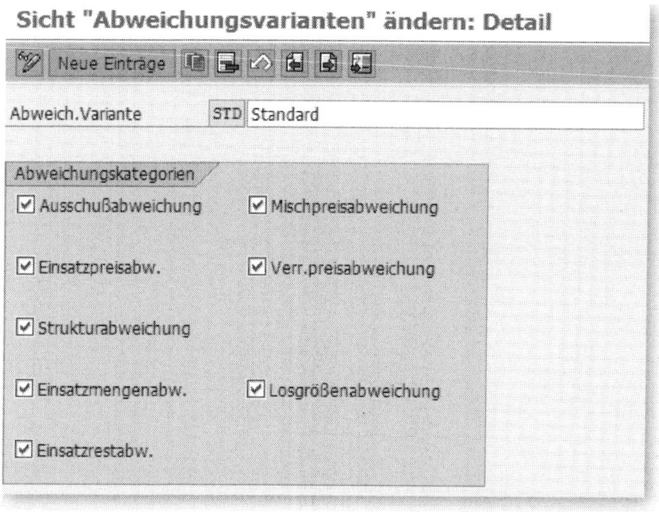

Abbildung 3.39: Abweichungskategorien

3. Sollversion definieren

Die *Sollversion* legt fest, welche Abweichung zu ermitteln ist. Sie steuert, welche Kosten als Soll- und welche als zu kontrollierende Kosten herangezogen werden. Die Definition erfolgt mit der Transaktion `OKV6`. Wir arbeiten mit der SOLLVERSION `0` (Gesamtabweichung). Die Abweichung ermittelt sich zwischen den Istkosten (zu kontrollierende Kosten) und der *laufenden Plankalkulation* (Sollkosten), die gleichzusetzen ist mit unserer am Anfang erstellten Standardkalkulation (siehe Abbildung 3.40). In der Sollversion ist zusätzlich unsere ABWEICHUNGSVARIANTE `STD` hinterlegt.

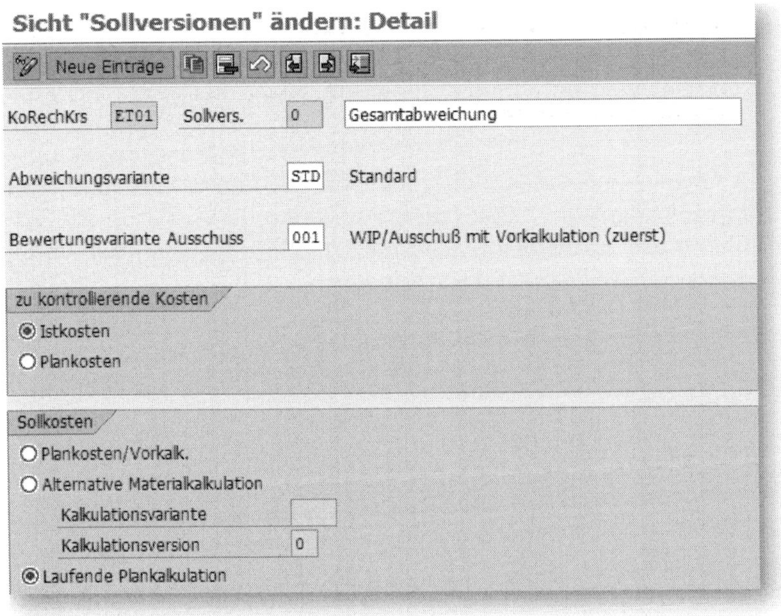

Abbildung 3.40: Sollversion »0«

Voraussetzungen zur Abrechnung der Abweichung

Für die Abrechnung der Abweichung müssen die folgenden Voraussetzungen erfüllt sein:

1. Abrechnungsprofil anlegen

Im *Abrechnungsprofil* legen wir fest, wohin unser Fertigungsauftrag abgerechnet werden soll. Da wir in unserem Fall die Abweichungen an CO-PA abrechnen möchten, ist es unerlässlich, dass wir im Abrechnungsprofil die Abrechnung von Abweichungen grundsätzlich erlauben. Die Definition des Abrechnungsprofils erfolgt im Customizing unter dem Pfad CONTROLLING • PRODUKTKOSTEN-CONTROLLING • KOSTENTRÄGERRECHNUNG • AUFTRAGSBEZOGENES PRODUKTCONTROLLING • PERIODENABSCHLUSS • ABRECHNUNG • ABRECHNUNGSPROFIL ANLEGEN (siehe Abbildung 3.41).

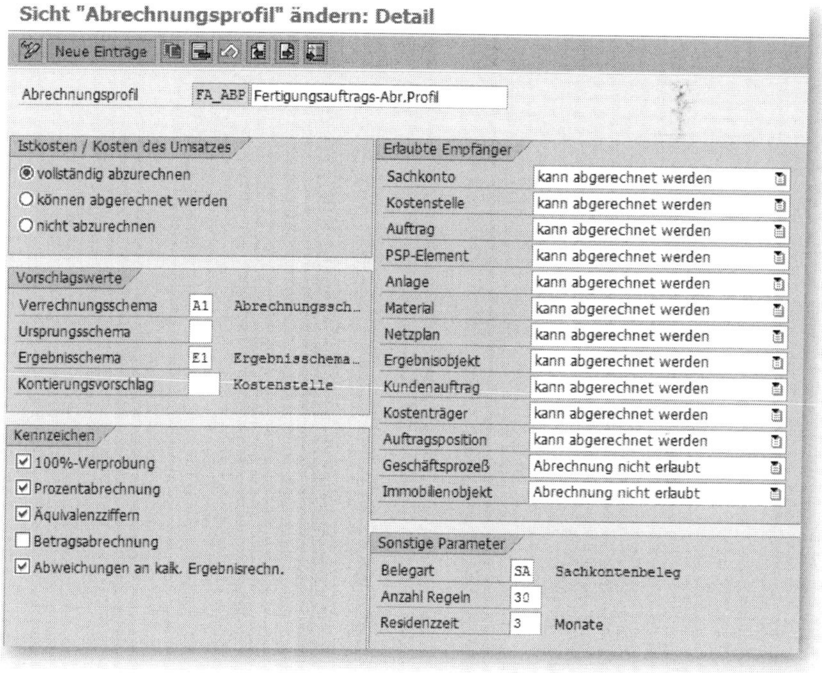

Abbildung 3.41: Abrechnungsprofil Fertigungsauftrag

Für unser Beispiel haben wir das ABRECHNUNGSPROFIL FA_ABP angelegt und unserer AUFTRAGSART PP01 zugeordnet, sodass diese Informationen bei der Anlage des Fertigungsauftrages automatisch übernommen werden.

Die Zuordnung des Abrechnungsprofils zur Auftragsart erfolgt im Customizing unter dem Pfad CONTROLLING • PRODUKTKOSTEN-CONTROLLING • KOSTENTRÄGERRECHNUNG • AUFTRAGSBEZOGENES PRODUKTCONTROLLING • PRODUKTIONSAUFTRÄGE • AUFTRAGSARTEN ÜBERPRÜFEN (siehe Abbildung 3.42).

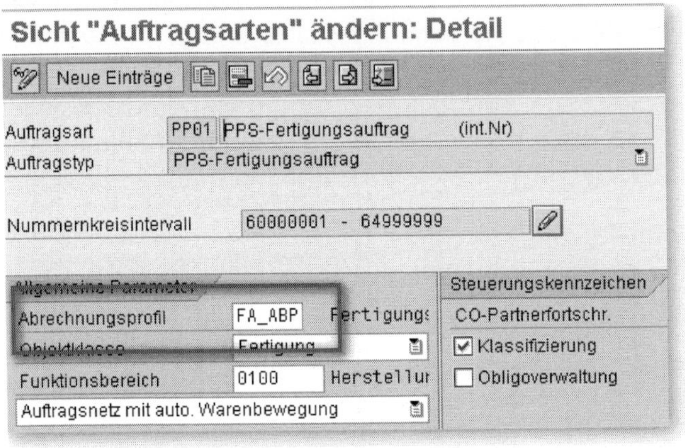

Abbildung 3.42: Auftragsart Produktion

2. Ergebnisschema anlegen

Im *Ergebnisschema* müssen wir nun festlegen, in welche *Wertfelder* im CO-PA die Abweichungen abgerechnet werden sollen. Das Ergebnisschema dient also dazu, die Verbindung zwischen Abweichungen und CO-PA herzustellen.

Dafür müssen wir jeder Abweichungskategorie ein Wertfeld zuordnen. Die Definition des Ergebnisschemas für die Abrechnung der Abweichungen erfolgt über die Transaktion `KEI1`.

Für unser Beispiel haben wir das ERGEBNISSCHEMA `E1` angelegt, als URSPRUNG unsere Abweichungskategorien hinterlegt und diesen wiederum ein entsprechendes WERTFELD im CO-PA zugeordnet (siehe Abbildung 3.43). Dieses Ergebnisschema wird als Vorschlagswert im Abrechnungsprofil hinterlegt.

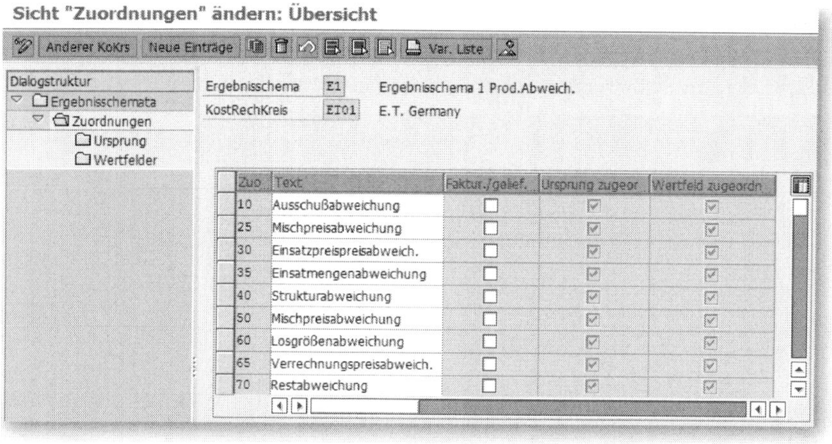

Abbildung 3.43: Ergebnisschema Produktionsabweichung

3. Verrechnungsschema anlegen

Im *Verrechnungsschema* wird festgelegt, mit welchen sekundären *Abrechnungskostenarten* verschiedene *Ursprungskostenarten* eines Auftrages an andere *Empfängerobjekte* abgerechnet werden sollen. Da wir für die Abrechnung der Abweichungen an CO-PA kein Verrechnungsschema benötigen, gehen wir an dieser Stelle auch nicht näher darauf ein. Hier genügt einzig und alleine das Ergebnisschema.

4. Abrechnungsvorschrift

Beim Anlegen eines Fertigungsauftrages mit einem bewerteten Material wird automatisch eine *Abrechnungsvorschrift* erzeugt, die besagt, dass die Abrechnung zu 100 % auf das Material erfolgen soll. Die zweite Abrechnungsvorschrift (in unserem Fall an CO-PA) wird mit der ersten Abrechnung gemäß den Einstellungen im Ergebnisschema erzeugt. Aus dem Fertigungsauftrag (Transaktion `CO03`) können wir uns die Abrechnungsvorschrift über KOPF • ABRECHNUNGSVORSCHRIFT anzeigen lassen. Abbildung 3.44 zeigt die erste Abrechnungsvorschrift unseres Fertigungsauftrages. Die zweite können wir uns mit Anklicken des Buttons ABRECHN.ABWEICHUNGEN ansehen.

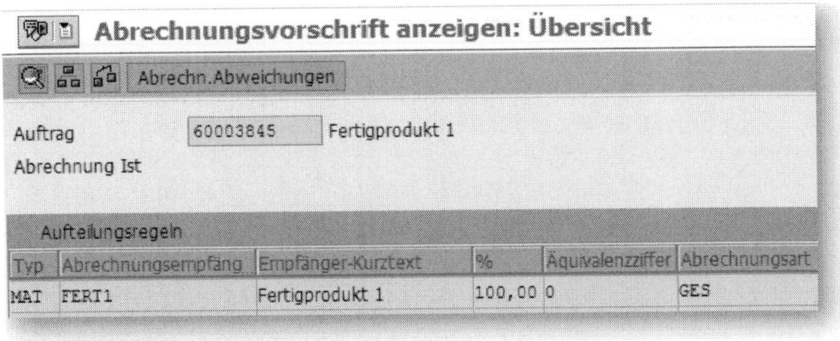

Abbildung 3.44: Abrechnungsvorschrift Material

Aus diesem Screen können wir über SPRINGEN • ABRECHNUNGSPARAMETER weiter in die *Abrechnungsparameter* verzweigen.

Dort finden wir einige automatisch über das Abrechnungsprofil gepflegte Angaben, die wir für die Abrechnung an CO-PA benötigen. Ganz entscheidend ist das ERGEBNISSCHEMA, das die Verbindung zwischen den Abweichungskategorien und CO-PA herstellt (siehe Abbildung 3.45).

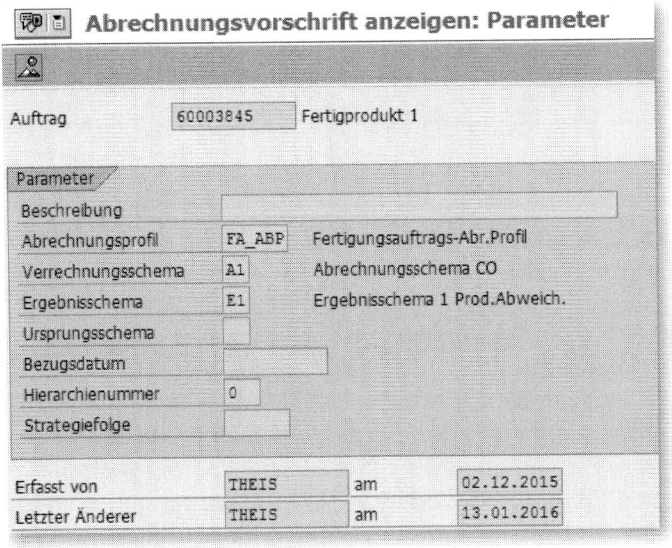

Abbildung 3.45: Abrechnungsparameter

Abweichung ermitteln und abrechnen

Somit haben wir alle Voraussetzungen geschaffen, um die Abweichung unseres Fertigungsauftrages

- im ersten Schritt zu ermitteln
- und in einem zweiten Schritt abzurechnen.

Die Abweichung ermitteln wir für einen einzelnen Fertigungsauftrag mit der Transaktion KKS2. In einem Monatsabschlussprozess würden wir die Transaktion für die Verarbeitung mehrerer Fertigungsaufträge benutzen, die mit der Transaktion KKS1 durchzuführen wäre.

Ebenso kann die Abrechnung entweder für einen einzelnen Fertigungsauftrag oder mittels Massentransaktion zur Abrechnung mehrerer Fertigungsaufträge erfolgen. Die Transaktion für die Einzelverarbeitung lautet KO88, für die Massenverarbeitung CO88.

Wie schon bei der Ist-Zuschlagsermittlung in Abschnitt 3.3.1, führen wir die Abweichungsermittlung und -abrechnung jeweils mit den Transaktionen für die Einzelverarbeitung durch, da uns ja der Wertefluss unseres Fertigungsauftrages interessiert.

Wenden wir uns also als Erstes der Bestimmung der Abweichung unseres Fertigungsauftrages mit der Transaktion KKS2 zu. Abbildung 3.46 zeigt die zu pflegenden Selektionsparameter.

Als Selektionsparameter geben wir unseren FertigungsAUFTRAG sowie die PERIODE und das GESCHÄFTSJAHR mit. Des Weiteren wählen wir unsere SOLLVERSION 0. In der Ablaufsteuerung können wir noch die Checkbox TESTLAUF setzen. Ist das Kennzeichen nicht gesetzt, wird das System die Transaktion sofort im Echtlauf ausführen. Außerdem wählen wir das Kennzeichen DETAILLISTEN, denn dadurch wird nach Ausführung der Transaktion eine Liste mit den zu verbuchenden Abweichungen erzeugt.

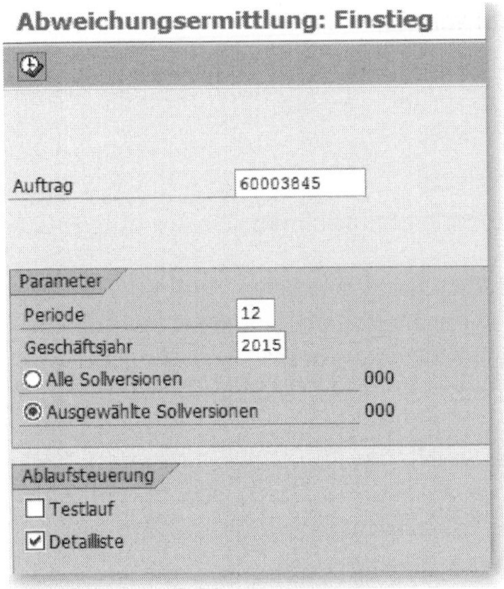

Abbildung 3.46: Abweichungsermittlung

Nach Ausführung der Transaktion `KKS2` erhalten wir das Ergebnis der Abweichungsermittlung für unseren Fertigungsauftrag (siehe Abbildung 3.47).

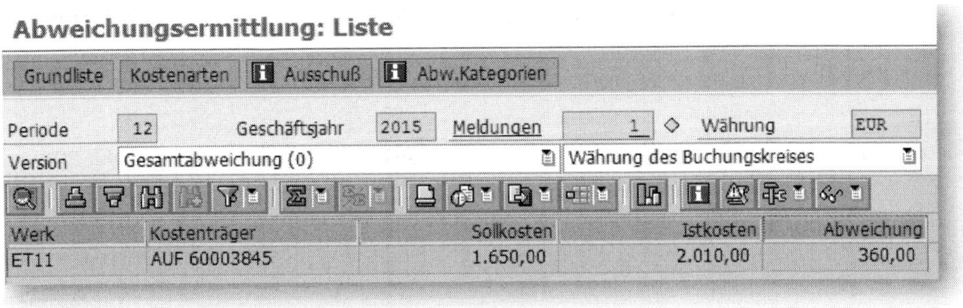

Abbildung 3.47: Abweichungsermittlung

In der angezeigten Liste finden wir bekannte Zahlen wieder: Für unseren Fertigungsauftrag wurde unser erwarteter ABWEICHUNGSbetrag von `360 EUR` ermittelt – die Differenz zwischen den Ist-Herstellkosten von `2.010 EUR` und unseren Sollkosten von `1.650 EUR` aus der Standardkalkulation.

In unserem Wertefluss setzt sich die GESAMTABWEICHUNG von `360 EUR` aus den Abweichungskategorien »Einsatzmengenabweichung« und »Einsatzrestabweichung« zusammen.

Erinnern wir uns kurz zurück: Wir haben die benötigten Personalstunden von den geplanten `100 Stunden` auf tatsächliche `160 Stunden` geändert. Daraus ergibt sich eine Einsatzmengenabweichung von `300 EUR` gemäß folgender Rechnung:

```
Ist:     160 Stunden * 5 EUR Tarif = 800 EUR
Plan:    100 Stunden * 5 EUR Tarif = 500 EUR
Differenz:   300 EUR
```

Da sich durch die Erhöhung der Personalstunden die Basis für unseren Fertigungsgemeinkostenzuschlag geändert hat, ändert sich dieser folglich auch. So ergibt sich unsere Einsatzrestabweichung von `60 EUR`, wie die folgende Rechnung noch mal verdeutlicht:

```
Ist:    800 EUR Personalstunden * 20 % Zuschlag = 160 EUR
Plan:   500 EUR Personalstunden * 20 % Zuschlag = 100 EUR
Differenz:   60 EUR
```

Jetzt haben wir unsere Abweichung von `360 EUR` ermittelt und die entsprechenden Abweichungskategorien abgeleitet.

Es folgt der zweite Schritt: die Abrechnung der Abweichung. Dafür führen wir die Transaktion `KO88` aus (siehe Abbildung 3.48).

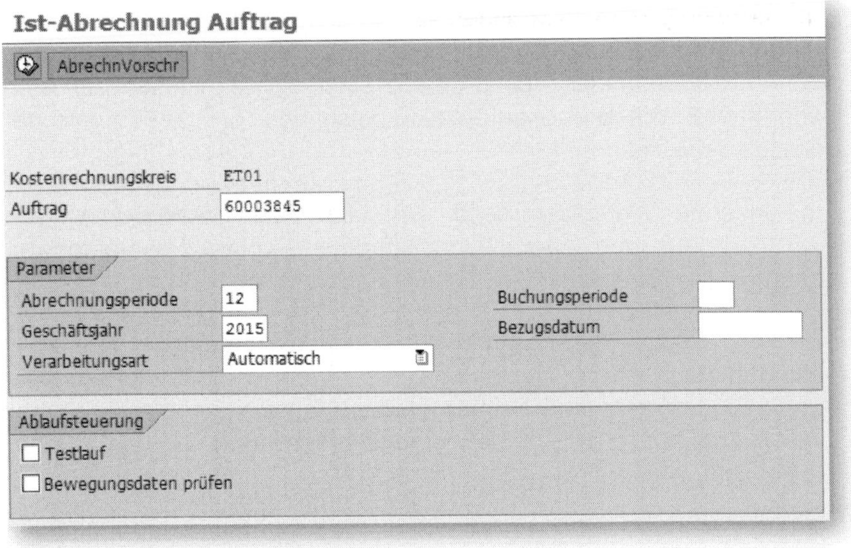

Abbildung 3.48: Abrechnung Fertigungsauftrag

In der Selektion geben wir unseren FertigungsAUFTRAG mit, sowie die ABRECHNUNGSPERIODE und das GESCHÄFTSJAHR.

Nach der Ausführung erhalten wir die folgenden Belege:

- Buchhaltungsbeleg,
- Kostenrechnungsbeleg,
- Ergebnisrechnungsbeleg.

Bei der Abrechnung der Abweichungen wird ein Buchhaltungsbeleg erzeugt, da dieser Vorgang sich auf die Finanzbuchhaltung auswirkt (siehe Abbildung 3.49). Es findet eine Buchung in der GuV statt. Im Haben wurde die Abweichung von `360 EUR` auf das KONTO `711111` (Fabrikleistung Fertigungs-Aufträge) gebucht. Auf dieses Konto hatten wir bereits unseren Wareneingang von `1.650 EUR` (vgl. Abschnitt 3.2.3) verbucht. Im Soll wurde das KONTO `722222` (Ertrag aus Preis-Differenzen Eigenerzeugnisse) bebucht.

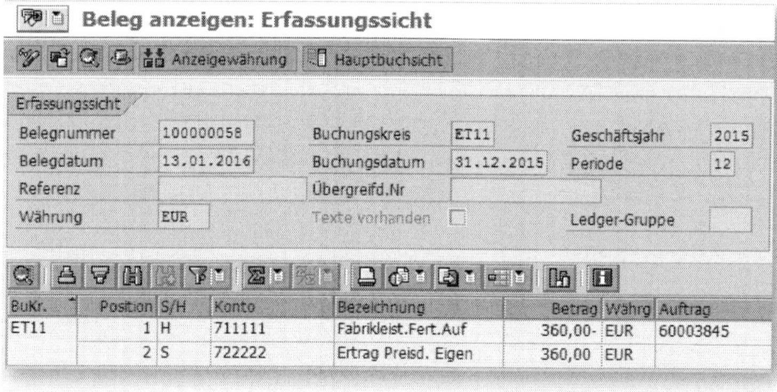

Abbildung 3.49: Buchhaltungsbeleg

Die relevanten Sachkonten werden, wie schon bei den Rohstoffverbräuchen und der Wareneingangsbuchung, über die *Kontenfindung MM* ermittelt, die in der Transaktion `OBYC` gepflegt ist (siehe Abbildung 3.50 und Abbildung 3.51).

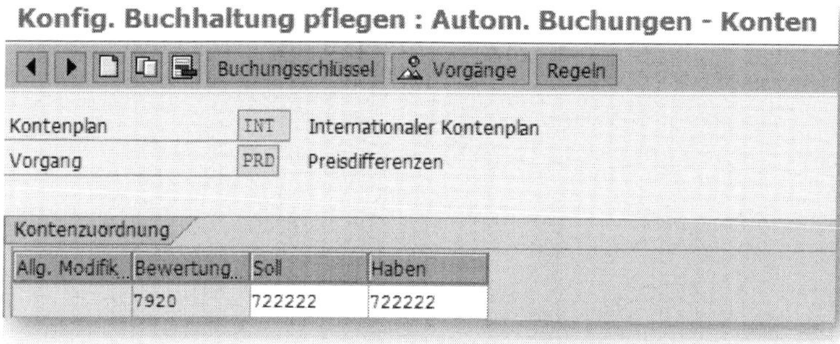

Abbildung 3.50: GuV-Kontenfindung Preisdifferenz

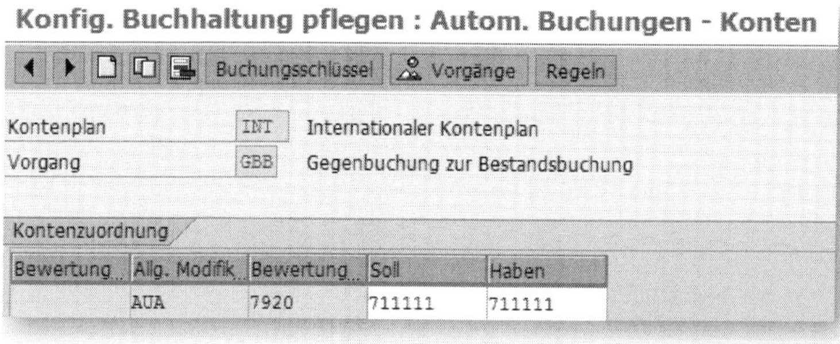

Abbildung 3.51: GuV-Kontenfindung – GBB-AUA-Kombination

Für die Auftragsabrechnung haben wir in der Kontenfindung zum VORGANG PRD das Konto 722222 (Ertrag aus Preis-Differenzen Eigenerzeugnisse) sowie zum VORGANG GBB (Gegenbuchung zur Bestandsbuchung) und der ALLGEMEINEN MODIFIKATION AUA das Konto 711111 (Fabrikleistung Fertigungs-Aufträge) hinterlegt. Somit kommt die Buchung unserer Auftragsabrechnung über 360 EUR zustande.

Da der Vorgang GBB für mehrere Vorgänge verwendet wird, die auf verschiedene Konten gebucht werden (z. B. Verbrauch oder Verschrottung) ist es erforderlich, diese Vorgänge nach einem weiteren Schlüssel zu unterscheiden: der sogenannten *Allgemeinen Modifikation*, auch *Kontenmodifikation* genannt.

Kontenfindung Auftragsabrechnung

Sollte die Kontenfindung für die Kombination aus »GBB und Allgemeine Modifikation AUA« nicht gepflegt sein, wird die der Kombination »GBB und Allgemeine Modifikation AUF« herangezogen, die z. B. auch für die Wareneingangsbuchung des Fertigproduktes Anwendung findet.

Der zweite Beleg, der erzeugt wird, ist der **Kostenrechnungsbeleg** (siehe Abbildung 3.52) Dieser entsteht, da wir die beiden bebuchten FI-Konten 722222 und 711111 auch als Kostenart angelegt haben. Somit hat diese Buchung ebenfalls Auswirkung auf das Controlling. Bei der Buchung auf das Konto 711111 ist unser Fertigungsauftrag das CO-Objekt. Da wir auch das Konto 722222 als Kostenart angelegt haben, fordert SAP für diese Buchungszeile ebenfalls ein CO-Objekt. In unserem Fall handelt es sich dabei um ein *Ergebnisobjekt*. Wie dieses Ergebnisobjekt abgeleitet wird bzw. was ein Ergebnisobjekt überhaupt ist, werden wir näher erläutern, wenn wir uns gleich den Belegen für die Ergebnisrechnung widmen.

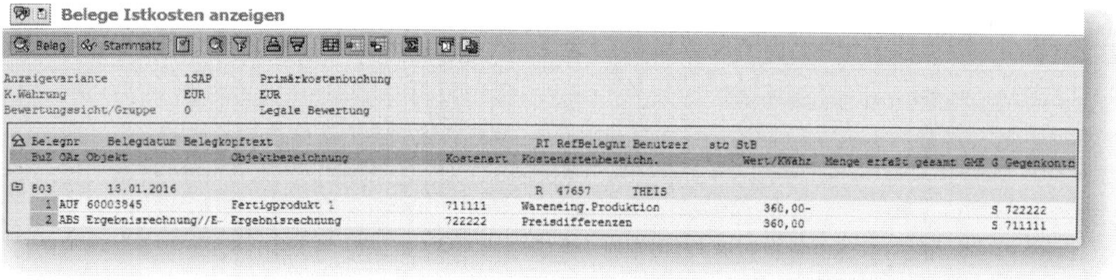

Abbildung 3.52: Kostenrechnungsbeleg

Der dritte Beleg, der mit der Auftragsabrechnung erzeugt wird, ist der **Beleg** für die **Ergebnisrechnung CO-PA**. Wenn wir uns alle erzeugten Rechnungswesensbelege noch einmal anschauen, stellen wir fest, dass für die Ergebnisrechnung nicht nur ein, sondern zwei Belege erzeugt wurden (siehe Abbildung 3.53).

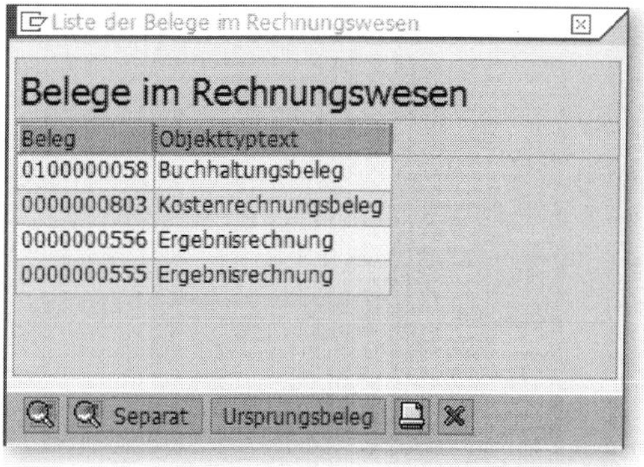

Abbildung 3.53: Belege im Rechnungswesen

Die Abrechnung unseres Fertigungsauftrages wird nicht nur ins Finanzwesen und Controlling übergeleitet; die Abweichung wird auch ins CO-PA gebucht.

In unserer gewählten Konstellation leiten wir die Abweichung sogar zweimal ins CO-PA über: einmal als komplette Abweichung über `360 EUR` und dann, in einem zweiten Beleg, aufgeteilt in die verschiedenen Abweichungskategorien. Das ist der Grund, warum zwei CO-PA-Belege erzeugt werden.

Jetzt fragen Sie sich bestimmt, warum wir die Abweichung von 360 EUR zweimal an CO-PA abrechnen müssen? Reicht es nicht, sie dort einmal zu sehen?

Sie fragen sich das zu Recht, denn man muss bzw. soll es auch gar nicht. Der Grund liegt ganz einfach in der von uns gewählten Systemeinstellung. Lassen Sie uns das Ganze an den beiden erzeugten Belegen erklären.

Beleg 1: Buchung der Gesamtabweichung in CO-PA

Starten wir mit dem ersten CO-PA-Beleg (siehe Abbildung 3.54). Dieser zeigt die CO-PA-Buchung der Gesamtabweichung in Höhe von 360 EUR.

Diese CO-PA-Buchung wird mit der VORGANGSART B erzeugt. Sie steht für eine Direktkontierung aus der Buchhaltung.

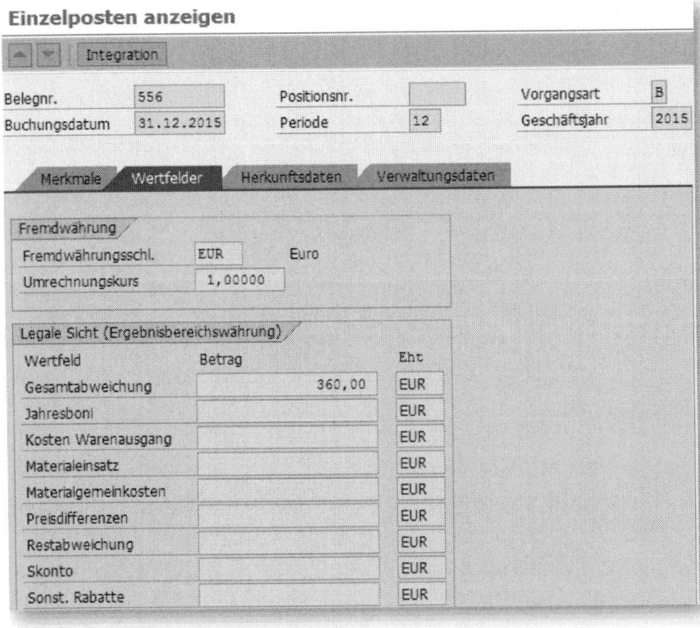

Abbildung 3.54: CO-PA-Beleg – Gesamtabweichung

Erinnern wir uns kurz zurück an den durch die Abrechnung unseres Fertigungsauftrages erzeugten Kostenrechnungsbeleg (siehe Abbildung 3.52). Hier wurde das CO-Objekt »Ergebnisobjekt« für die Zeile der Preisdifferenzbuchung bebucht. Das Ergebnisobjekt ist das *Kontierungsobjekt* des CO-PA.

Wie aber wird dieser CO-PA-Beleg erstellt?

Bei der Abrechnung unseres Fertigungsauftrages haben wir das Konto `722222` (Ertrag aus Preis-Differenzen Eigenerzeugnisse) bebucht. Dieses haben wir auch als Kostenart angelegt, weshalb es eine kostenrechnungsrelevante Kontierung, also ein CO-Objekt benötigt.

Um während der Abrechnung der Kostenart `722222` eine kostenrechnungsrelevante Kontierung mitzugeben, bedienen wir uns der *Automatischen CO-Kontierungsfindung*, die in der Transaktion `OKB9` gepflegt wird. Dadurch stellen wir sicher, dass ein CO-Objekt automatisch gefunden wird (siehe Abbildung 3.55).

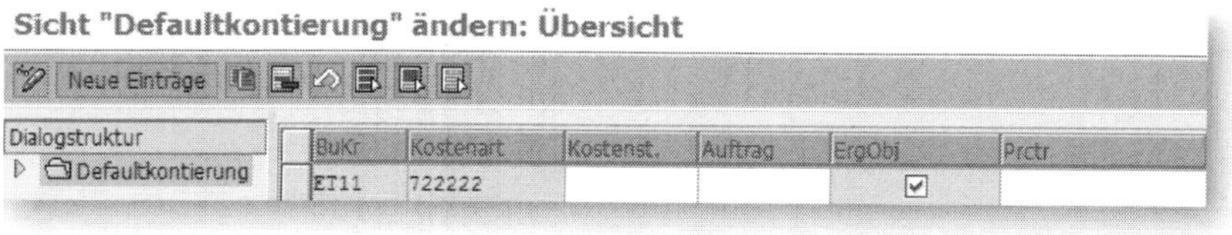

Abbildung 3.55: OKB9 – Preisdifferenzen

In der Transaktion `OKB9` haben wir für die KOSTENART `722222` festgelegt, dass automatisch auf das CO-Objekt »Ergebnisobjekt« gebucht werden soll. Dafür wurde der Haken in der Spalte `ErgObj` gesetzt. So stellen wir sicher, dass bei unserer Abrechnung des Fertigungsauftrages und der dadurch erzeugten FI-Buchung ein Ergebnisobjekt ermittelt und somit diese Buchung in das CO-PA transferiert wird.

So weit, so gut. Jetzt fehlt uns aber noch die Information des entsprechenden Wertfeldes. Diese Zuordnung von Kostenart zu Wertfeld wird im Ergebnisschema für die Direktkontierung festgelegt. Das *Ergebnisschema FI* wird für Buchungen von Kosten und Erlösen auf Ergebnisobjekte verwendet und mit der Transaktion `KEI2` gepflegt (siehe Abbildung 3.56).

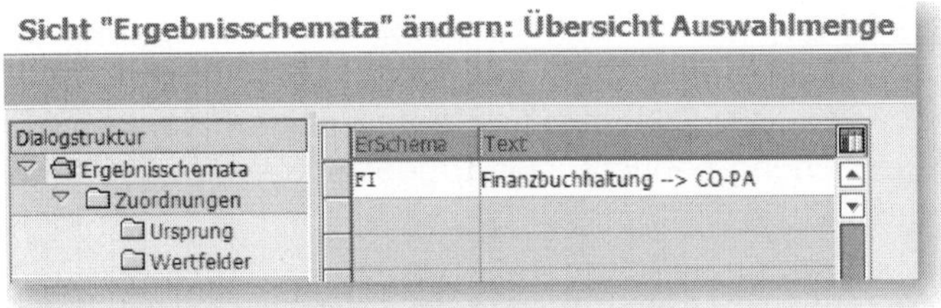

Abbildung 3.56: Ergebnisschema FI

In diesem ERGEBNISSCHEMA wird als URSPRUNG die entsprechende KOSTENART hinterlegt; als Ziel in CO-PA müssen wir das entsprechende WERTFELD angeben. Abbildung 3.57 und Abbildung 3.58 zeigen die Einstellungen für unser Beispiel.

Durch Zuordnung der UrsprungsKOSTENART `722222` (Ertrag aus Preis-Differenzen Eigenerzeugnisse) zum WERTFELD `VV380 – Gesamtabweichung` stellen wir in Verbindung mit der Einstellung in der Transaktion `OKB9` sicher, dass bei der Abrechnung unseres Fertigungsauftrages genau für diese ein Ergebnisobjekt **automatisch** als Ergebnisobjekt abgeleitet wird, sprich unser Abweichungsbetrag von `360 EUR` wird in CO-PA in das Wertfeld `Gesamtabweichung` transferiert.

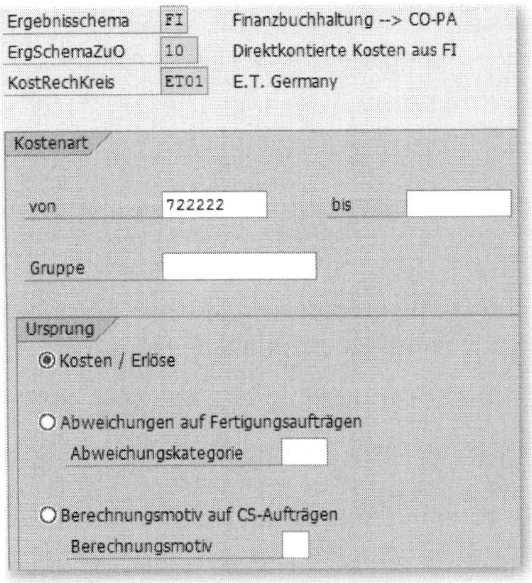

Abbildung 3.57: Ergebnisschema FI – Ursprung

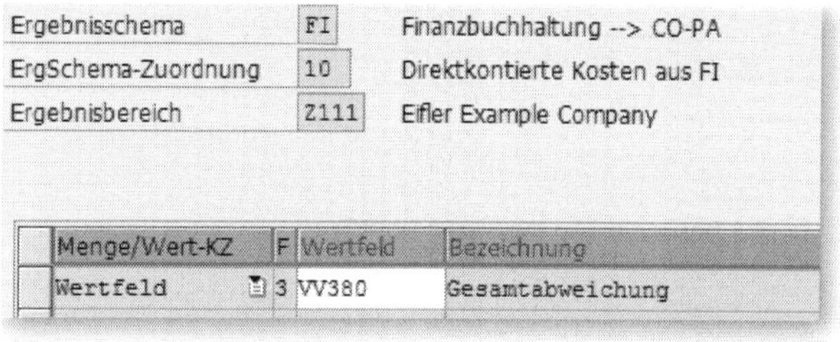

Abbildung 3.58: Ergebnisschema FI – Wertfeld

Preisabweichung über Direktbuchung FI

Wie wir bereits wissen, transferieren wir unseren Abweichungsbetrag mit der Abrechnung des Fertigungsauftrages noch ein zweites Mal in das CO-PA. Wenn Sie diese Gesamtabweichung nicht im CO-PA sehen möchten, können Sie dies umgehen, indem Sie das Konto 722222 (Ertrag aus Preis-Differenzen Eigenerzeugnisse) nicht als Kostenart anlegen. Somit würde für die entsprechende Buchungszeile kein CO-Objekt benötigt, und Sie müssten die automatische CO-Kontierung und das Ergebnisschema nicht entsprechend einstellen.

Beleg 2: CO-PA-Buchung der Abweichungskategorien

Schauen wir uns den zweiten durch die Abrechnung unseres Fertigungsauftrages erzeugten CO-PA-Beleg an (siehe Abbildung 3.59).

Dieser Beleg zeigt die CO-PA-Buchung der Abweichung, unterteilt in die verschiedenen Abweichungskategorien. Die Summe der entsprechenden Wertfelder ergibt wiederum unsere Gesamtabweichung in Höhe von 360 EUR. Diese CO-PA-Buchung wird mit der VORGANGSART C erzeugt. Diese steht für eine »Auftragsabrechnung«.

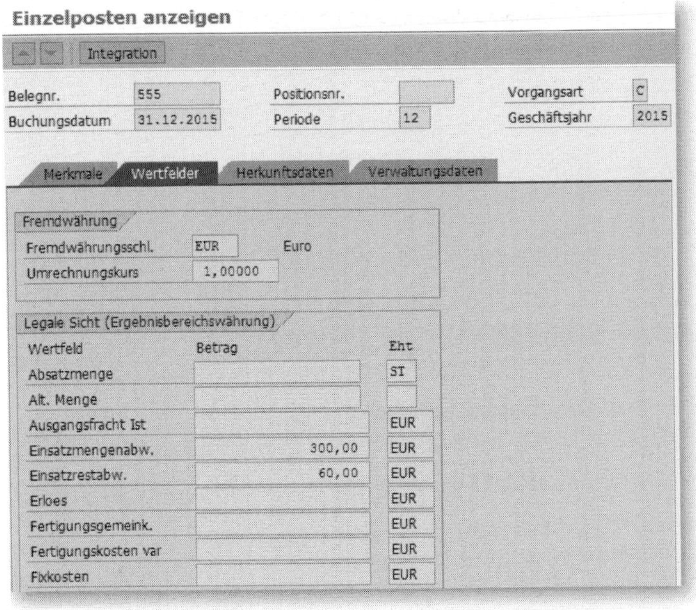

Abbildung 3.59: CO-PA-Beleg – Abweichungskategorien

Über das Ergebnisschema »E1« werden die verschiedenen Abweichungskategorien in die entsprechenden Wertfelder in CO-PA transferiert.

Betrachten wir nach der getätigten Abrechnung der Abweichung unsere Kostenanalyse. Wie wir in Abbildung 3.60 feststellen, ist der Fertigungsauftrag komplett abgerechnet.

An dieser Stelle ist unser Fertigungsauftrag abgeschlossen!

Zum Abschluss des Fertigungsprozesses schauen wir uns den Wertefluss noch einmal an (siehe Abbildung 3.61).

Vorgang	Herkunft	Herkunft (Text)	Istmenge gesamt	Istkosten gesamt	Währung
Warenausgänge	ET11/ROHSTOF...	Rohstoff 1	1	400,00	EUR
	ET11/ROHSTOF...	Rohstoff 2	2	600,00	EUR
Warenausgänge			**3**	**1.000,00**	**EUR**
Rückmeldungen	KS1/999	Büro 1 / Personalstunden	160,00	800,00	EUR
Rückmeldungen			**160,00**	**800,00**	**EUR**
Zuschläge	KS3	Einkauf		50,00	EUR
	KS4	Produktionsleitung		160,00	EUR
Zuschläge				**210,00**	**EUR**
Wareneingang	ET11/FERT1	Fertigprodukt 1	1-	1.650,00-	EUR
Wareneingang			**1-**	**1.650,00-**	**EUR**
Abrechnung		(ohne Herkunft)		360,00-	EUR
Abrechnung				**360,00-**	**EUR**
			160,00	**0,00**	**EUR**

Abbildung 3.60: Kostenanalyse

Finanzwesen (FI)		Controlling				
		Kostenstelle	Fertigungsauftrag	Ergebnisobjekt (CO-PA)		
GuV	Wert	Wert	Wert	DB-Struktur	Ist-Wert	Kalk. Werte
Umsatz						
Umsatzerlöse				Bruttoumsatz		
Erlösschmälerungen				Rabatte		
Bestandsveränderungen				Fakturaumsatz	0	
WE Fertige Erzeugnisse	-1.650		-1.650			
WE Fertige Erzeugnisse	-360					
WA Fertige Erzeugnisse				Kosten des WA		
Produktionsabweichung	360		-360	Produktionsabw.	360	
Materialaufwand						
Verbrauch Rohstoffe	1.000		1.000	Materialeinsatz		
MGK		-50	50	MGK		
Personalaufwand						
Personalstunden		-800	800	Fertigungskosten		
FGK		-160	160	FGK		
Löhne Produktion	1.500	1.500				
Gehalt Prod.Ltg.	1.000	1.000		Deckungsbeitrag	360	
Löhne Einkauf	1.000	1.000				
Sonstiges						
Umlage CCA->CO-PA				Umlagen		
Ergebnis	2.850	2.490	0	Ergebnis	360	

Abbildung 3.61: Wertefluss FI/CO/CO-PA (V)

Wir haben mit der Abrechnung der Abweichung eine Buchung in der GuV erzeugt. Mit dieser FI-Buchung wurde das Wareneingangskonto für Fertigerzeugnisse um `360 EUR` auf die Istkosten von `2.010 EUR` angepasst (Summe `WE Fertige Erzeugnisse` in Abbildung 3.61). Die Gegenbuchung erfolgte auf dem Konto `722222` (Preisdifferenzen).

Unser Fertigungsauftrag wurde mit `360 EUR` entlastet und ist somit komplett abgerechnet. Die entsprechende Belastung wurde ins CO-PA gebucht.

Auch an dieser Stelle wollen wir Sie mit einer einfachen Darstellung des vorab Gelesenen erfreuen (siehe Abbildung 3.62).

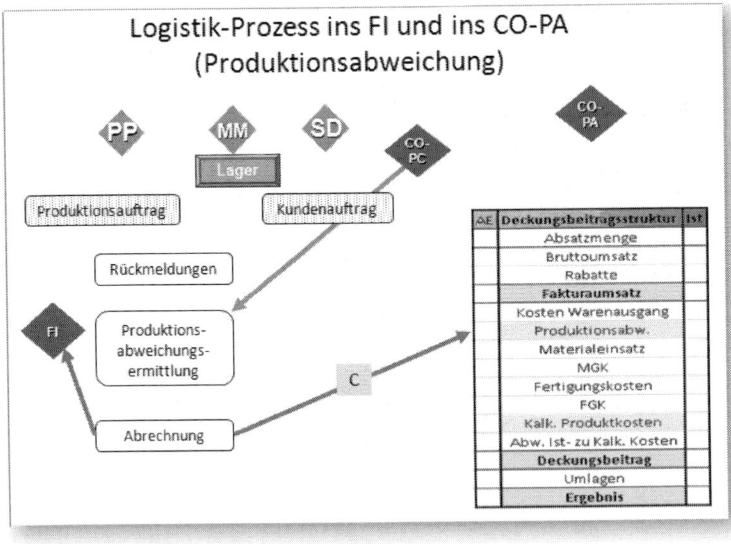

Abbildung 3.62: Produktionsabweichung

1. Zum Periodenende wird eine Produktionsabweichungsermittlung aus dem Modul Produktkostencontrolling (CO-PC) durchgeführt.
2. Bei der anschließenden Abrechnung wird die Produktionsabweichung in FI gebucht und an die Ergebnisrechnung (CO-PA) mit der Vorgangsart »C« übergeben.
3. Das Wertfeld »Produktionsabweichung« wird somit befüllt.

3.4 Abstimmungsmöglichkeiten mit dem Rechnungswesen

Produktionsabweichungen werden, wie in unserem Wertefluss (Abbildung 3.61) dargestellt, im Rahmen des Monatsabschlusses ermittelt und abgerechnet. Hierbei werden Buchungen in FI und CO-PA erzeugt.

Im FI können Sie bspw. die Transaktion FAGLL03 (Sachkonten Einzelpostenliste Hauptbuchsicht) nutzen. Wir selektieren unser Preisdifferenzkonto 722222 (das wir in der Kontenfindung [Transaktion OBYC] hinterlegt haben) und den entsprechenden Buchungszeitraum (siehe Abbildung 3.63).

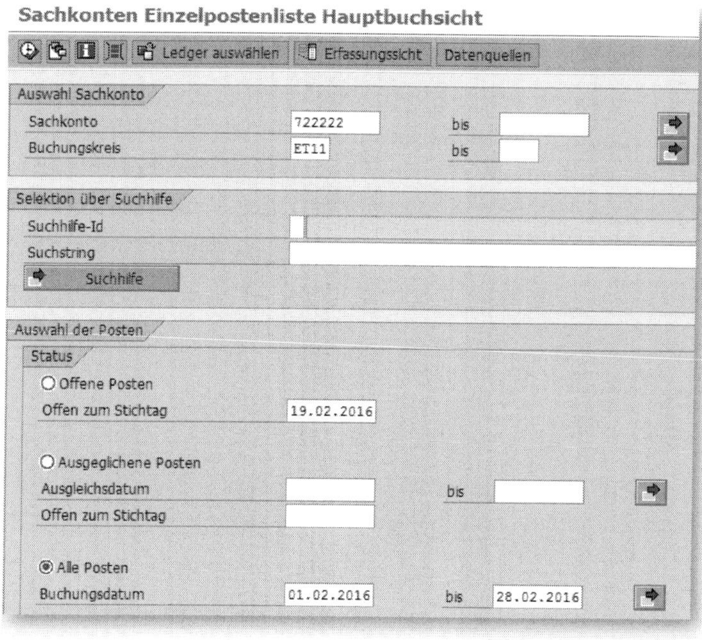

Abbildung 3.63: Selektion FAGLL03

Mit einem sinnvollen Layout und einem geeigneten Filter sollten Sie im FI auf die entsprechende Abweichungssumme kommen (siehe Abbildung 3.64).

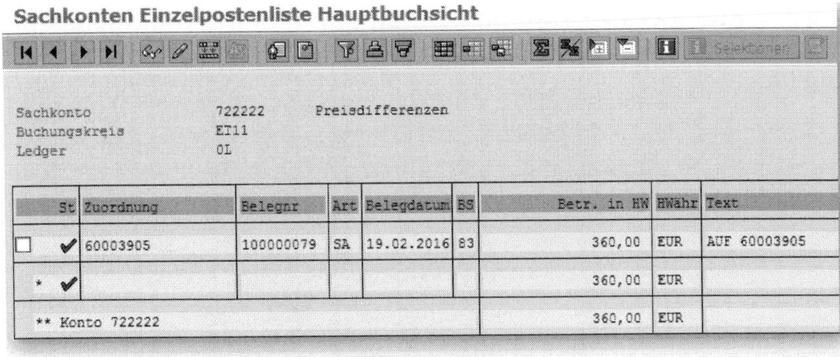

Abbildung 3.64: FAGLL03 – Preisdifferenz

Geeigneter Filter

Preisdifferenzen können natürlich auch aus anderen Vorgängen resultieren und auf dem Preisdifferenzkonto gebucht werden. Deswegen ist es ratsam, sich ein Layout zu gestalten und auch abzuspeichern, welches jeden Monat wieder aufgerufen werden kann, um gezielt die Abweichung aus der Auftragsabrechnung abzustimmen. In unserem Fall haben wir einen Filter auf die Spalte ZUORDNUNG gesetzt und als Selektion `alle Fertigungssaufträge` ausgewählt.

Im CO-PA können wir uns unseren CO-PA-Bericht mit der Transaktion `KE30` anzeigen lassen, um die Abweichung in CO-PA zu überprüfen (siehe Abbildung 3.65).

Des Weiteren können wir im CO-PA, ähnlich wie im FI, den CO-PA-Ist-Einzelpostenbericht (Transaktion `KE24`) benutzen (siehe Abbildung 3.66).

Schlüsselspalte	Auftragseingang 01/16-02/16	Ist-Daten 01/16-02/16
Absatzmenge	1,000	1,000
Bruttoumsatz	7.500,00	7.500,00
Rabatte	1.500,00	1.500,00
Fakturaumsatz	6.000,00	6.000,00
Kosten Warenausgang	1.650,00	1.650,00
Produktionsabw.	0,00	360,00
Materialeinsatz	1.000,00	1.000,00
Materialgemeinkosten	50,00	50,00
Fertigungskosten var	500,00	500,00
Fertigungsgemeink.	100,00	100,00
Kalk. Produktkosten	1.650,00	1.650,00
Abw. Ist- Kalk. K.	0,00	0,00
Deckungsbeitrag	4.350,00	3.990,00
Umlagen	0,00	2.490,00
Ergebnis	4.350,00	1.500,00

Abbildung 3.65: CO-PA-Bericht

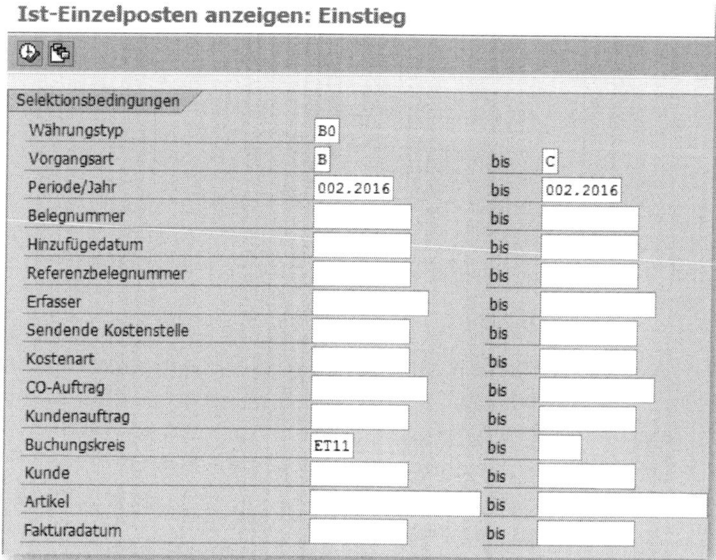
Ist-Einzelposten anzeigen: Einstieg

Selektionsbedingungen

Währungstyp B0
Vorgangsart B bis C
Periode/Jahr 002.2016 bis 002.2016
Belegnummer bis
Hinzufügedatum bis
Referenzbelegnummer bis
Erfasser bis
Sendende Kostenstelle bis
Kostenart bis
CO-Auftrag bis
Kundenauftrag bis
Buchungskreis ET11 bis
Kunde bis
Artikel bis
Fakturadatum bis

Abbildung 3.66: KE24 – Selektion

Mit der Auswahl des WÄHRUNGSTYPS, der VORGANGSART, der PERIODE, des GESCHÄFTSJAHRES sowie des BUCHUNGSKREISES können wir den Bericht ausführen. Das Ergebnis zeigt Abbildung 3.67.

Währung	WährTyp	Vorgangsart	Periode	Belegnr.	Ref.-Belegnr.	BuKr.	Kostenart	FRW	Einsatzmengenabw.	Einsatzrestabw.	Gesamtabweichung
EUR	80	B	012.2015	664	47756	ET11	722222	EUR	0,00	0,00	360,00
EUR	80	C	012.2015	663	47756	ET11		EUR	300,00	60,00	0,00

Abbildung 3.67: KE24 – Ergebnis

Erinnern wir uns an unseren Wertefluss zurück. Wir haben die Abweichung zweimal an CO-PA übergeben:

- zum einen über die Abrechnung und damit über die Vorgangsart `C`,
- zum anderen durch die Buchung mit der Kostenart `722222` (Preisdifferenzen) und der automatischen Kontierung mit der Vorgangsart `B`.

Genau diese Buchungen können wir uns im Einzelpostenbericht anzeigen lassen. Das entsprechende Layout können Sie sich nach Belieben dahingehend selbst zusammenstellen, welche Wertfelder und Merkmale Sie im Einzelpostenbericht sehen möchten.

Die gezeigten Berichte stellen nur beispielhaft dar, wie wir im Fall der Abweichungsermittlung die Werte im FI und CO-PA abstimmen können. Es gibt im SAP ERP eine Menge weiterer Berichte und Abstimmmöglichkeiten.

Sie werden jetzt mit Sicherheit denken: Nun ja, für ein paar zusammengestellte Beispiele ist das ja kein Problem, aber in der Praxis reden wir über eine große Menge an Fertigungsaufträgen, verschiedenste Preisdifferenzbuchungen usw. Das stimmt natürlich. Nichtsdestotrotz ist im Falle der Abweichung mit den gezeigten Berichten und Optionen eine Abstimmung zwischen FI und CO-PA immer möglich.

4 Der Warenausgang

Wir haben nun erfolgreich unser Produkt FERT1 produziert. Wir erinnern uns an Kapitel 2, in dem beschrieben ist, wie wir einen Kundenauftrag anlegen und wie die entsprechenden Verbindungen ins Rechnungswesen aussehen. In diesem Kapitel wollen wir den angelegten Kundenauftrag beliefern.

Dafür gehen wir mit der Transaktion `VA02` wieder in unseren Kundenauftrag (Abbildung 4.1).

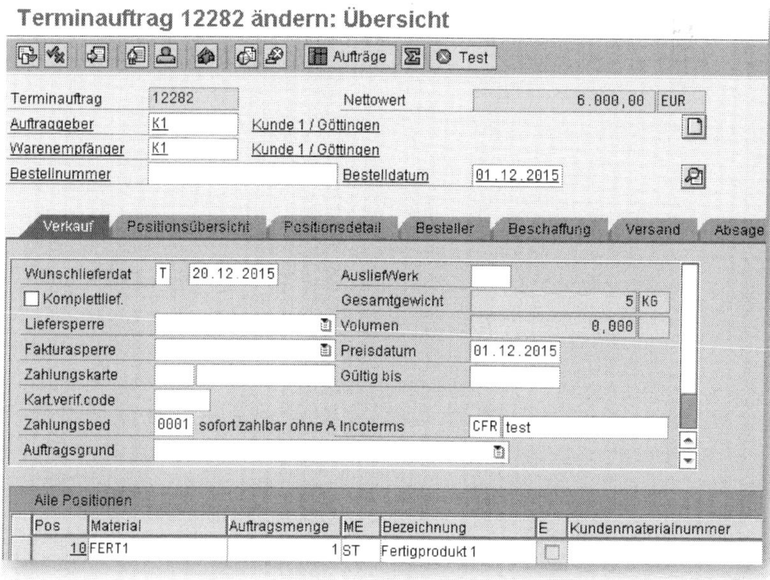

Abbildung 4.1: Kundenauftrag ändern

Über das Menü VERKAUFSBELEG • BELIEFERN gelangen wir direkt in die Lieferung (siehe Abbildung 4.2).

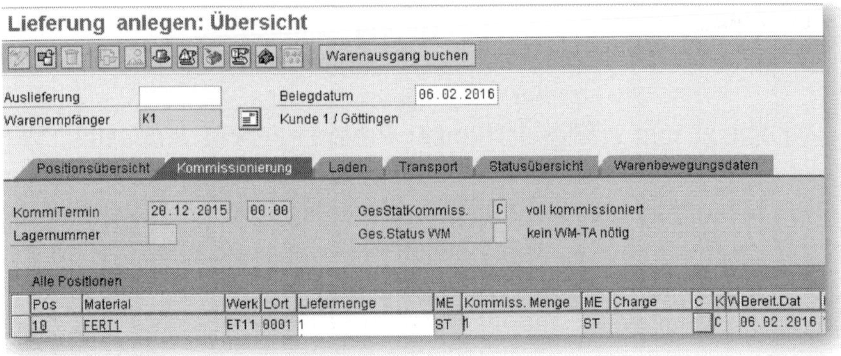

Abbildung 4.2: Lieferung anlegen

Nachdem wir die zu kommissionierende Menge eingetragen haben, drücken wir in diesem einfachen Beispiel auf den Button WARENAUSGANG BUCHEN.

Daraufhin erscheint im Idealfall die Meldung »Lieferung ... gesichert«.

Jetzt werden Sie sagen: »So einfach geht das?« In unserem Beispielsystem sicherlich, aber in der realen Welt ist es doch noch etwas komplizierter. An dieser Stelle möchten wir noch einmal kurz darauf hinweisen, dass es bei diesem Buch darum geht, den grundsätzlichen Wertefluss und seine Auswirkungen auf das Rechnungswesen (FI, CO, CO-PA) zu beschreiben. Wir wollen und können nicht sämtliche logistischen Feinheiten beschreiben, die bei einer Lieferung oder bei einem Warenausgang möglich sind. Uns interessiert jetzt, was im Rechnungswesen passiert ist, nachdem wir die obige Meldung erzeugt haben.

Dazu gehen wir mit der Transaktion `VL03N` in die gerade erzeugte Lieferung und sehen uns über den Pfad UMFELD • BELEGFLUSS (oder durch Drücken der Taste [F7]) den erzeugten Belegfluss an (siehe Abbildung 4.3).

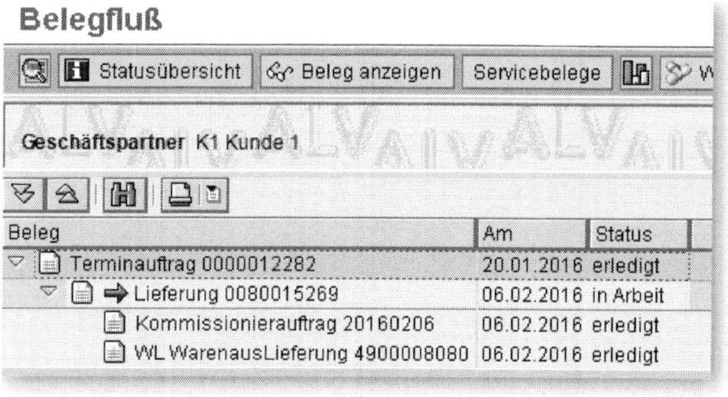

Abbildung 4.3: Belegfluss Lieferung

Wir haben aus dem Kundenauftrag heraus die `Lieferung` erzeugt und sehen uns nun den Warenausgangsbeleg `WL` mittels BELEG ANZEIGEN genauer an (siehe Abbildung 4.4).

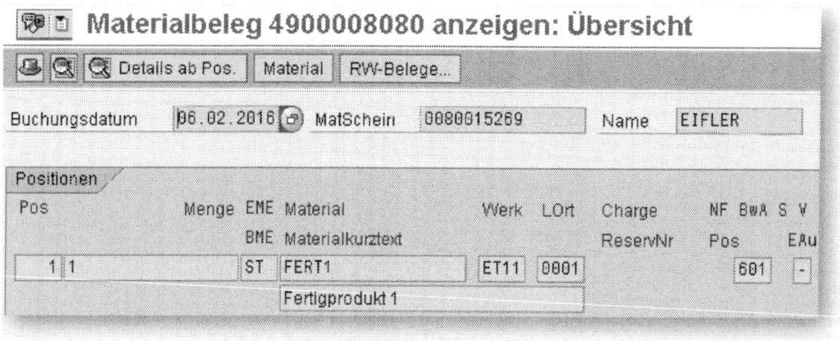

Abbildung 4.4: Warenausgangsbeleg

Uns interessieren (natürlich) die Rechnungswesenbelege; deshalb drücken wir auf den Button RW-BELEGE und erhalten in Abbildung 4.5 den Buchhaltungsbeleg zum Warenausgang.

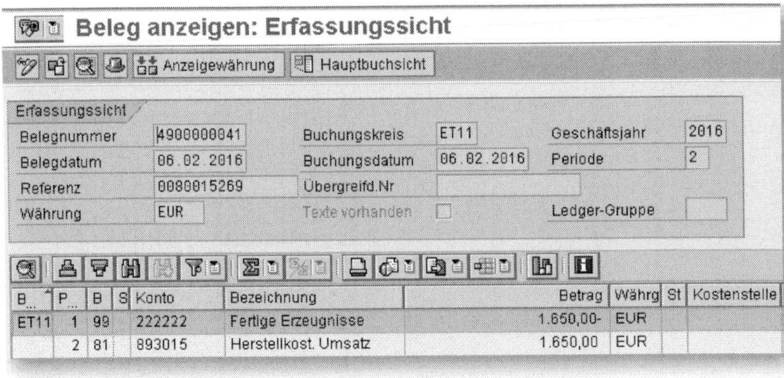

Abbildung 4.5: Buchhaltungsbeleg Warenausgang

Unser BestandsKONTO 222222 hat sich um 1.650 EUR verringert, und wir haben den Aufwand in gleicher Höhe auf dem BestandsveränderungsKONTO 893015 gebucht. Woher nahm das SAP-System den Wert für diese Buchung?

In unserem Beispiel wurde auf den Wert zurückgegriffen, mit dem unser Produkt in der Bilanz bewertet wurde. Wie Sie im Abschnitt 1.2 gelernt haben, werden unsere Verkaufsartikel kalkuliert. Dabei wird zunächst eine Standardkalkulation angelegt, danach vorgemerkt und anschließend freigegeben. Mit der Freigabe der Standardkalkulation wird der Standardpreis (S-Preis) in der Sicht BUCHHALTUNG 1 des Artikelstammes fortgeschrieben und gleichzeitig ein vorhandener Bestand buchhalterisch neu bewertet (siehe Abbildung 4.6).

In unserem Beispiel ist unser Verkaufsartikel mit einem STANDARDPREIS von 1.650 EUR bewertet, wir haben 100 Stück noch auf Lager, also weisen wir zurzeit für unseren Artikel einen BestandsGESAMTWERT von 165.000 EUR in der Bilanz aus.

Mit dem Warenausgang haben wir demnach erst einmal nur eine reine FI-Buchung – im CO oder auch CO-PA ist (noch) nichts passiert.

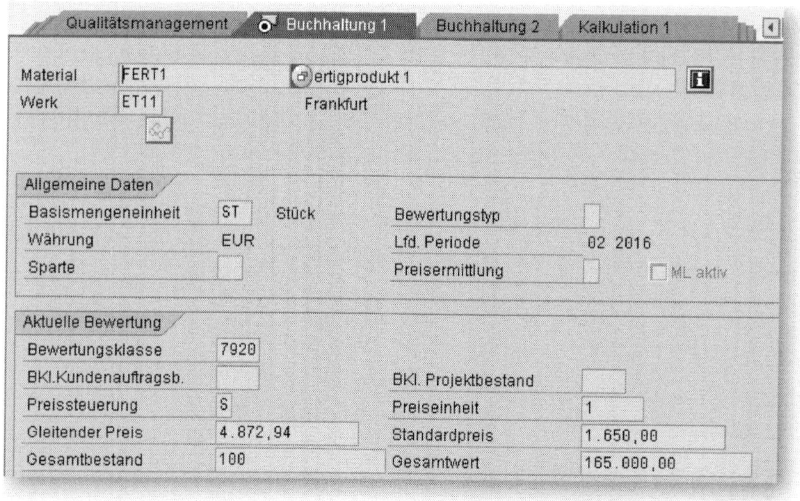

Abbildung 4.6: Materialstamm – Sicht »Buchhaltung 1«

Woher wusste denn unser SAP-System, auf welche Konten zu buchen ist? Auch hier hilft uns ein Blick in den Materialstamm weiter. Wir sehen in Abbildung 4.6 die BEWERTUNGSKLASSE `7920`. Über die Bewertungsklasse wird die MM-Kontenfindung gesteuert (vgl. Abschnitt 1.2.1). Gehen wir also mit der Transaktion `OBYC` dorthin, sehen Sie zunächst eine Liste von MM-Vorgängen (Abbildung 4.7), die einen buchhalterischen Effekt haben und für die Konten zu hinterlegen sind.

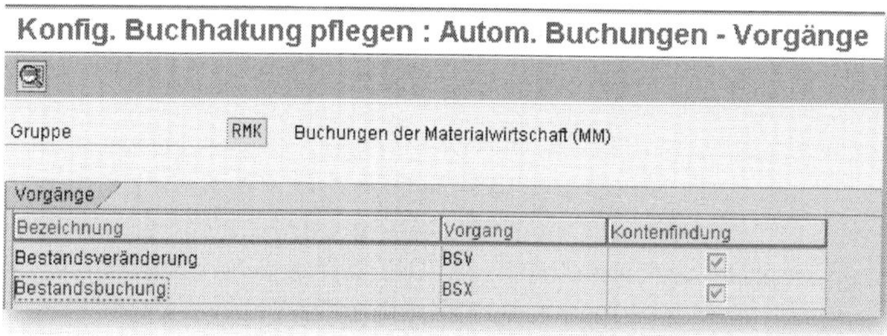

Abbildung 4.7: MM-Kontenfindung I

Zum VORGANG BSX (Bestandsbuchung) und zu der BEWERTUNGSklasse 7920 ist KONTO 222222 aus unserem KONTENPLAN INT hinterlegt (siehe Abbildung 4.8). Der Gegenpart dazu ist der VORGANG GBB (Gegenbuchung zur Bestandsbuchung), bei dem das Bestandsveränderungskonto zu hinterlegen ist (siehe Abbildung 4.9).

Abbildung 4.8: MM-Kontenfindung II

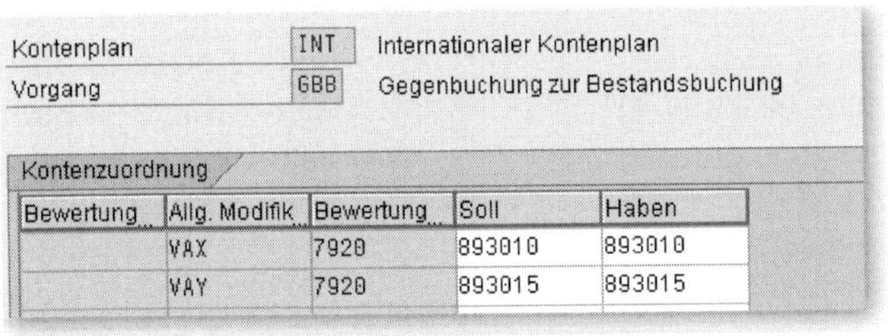

Abbildung 4.9: MM-Kontenfindung III

Jetzt müssen wir aufpassen, denn hier greift die berüchtigte *Kontomodifikationskonstante*! Für unser Beispiel unterscheiden wir zwei Fälle: Die ALLG. MODIFIKATIONEN VAX und VAY. Normalerweise legen wir GuV-Konten als Kostenarten im Controlling an; in diesem Fall allerdings nicht, weil wir ansonsten die Bestandsveränderung doppelt im CO ausweisen würden: zum einen z. B. in der Kostenstellenrechnung (wenn Sie über die Transaktion OKB9 der Kostenart eine Kostenstelle als automatische Kontierung zugeordnet hätten), zum anderen werden die Kosten des Warenausgangs über die Konditionsart VPRS und sogar statistisch über die Standardkalkulation an CO-PA übertragen. Somit wären diese Kosten spätestens nach der Kostenstellenumlage ins CO-PA doppelt enthalten.

Warenausgang und Faktura in gleicher Periode

An dieser Stelle sei explizit darauf hingewiesen, dass Sie organisatorisch sicherstellen müssen, dass der Warenausgang und die dazugehörige Faktura in der gleichen Periode zu erfolgen haben. Wie wir im nächsten Abschnitt erläutern, werden die Warenausgangskosten mit der Faktura an CO-PA übergeben. Wenn nun der tatsächliche Warenausgang in Periode 1 und die zughörige Faktura in Periode 2 erfolgen, haben Sie in beiden Perioden eine Differenz zwischen FI und CO-PA!

Zusammengefasst lässt sich unser Wertefluss wie in Abbildung 4.10 darstellen. Die »markierte« Veränderung spiegelt die Rechnungswesen-Buchungen dieses Kapitels wider.

Finanzwesen (FI)		Controlling				
		Kostenstelle	Fertigungs-auftrag	Ergebnisobjekt (CO-PA)		
GuV	Wert	Wert	Wert	DB-Struktur	Ist-Wert	Kalk. Werte
Umsatz						
Umsatzerlöse				Bruttoumsatz		
Erlösschmälerungen				Rabatte		
Bestandsveränderungen				Fakturaumsatz	0	
WE Fertige Erzeugnisse	-1.650		-1.650			
WE Fertige Erzeugnisse	-360					
WA Fertige Erzeugnisse	1.650			Kosten des WA		
Produktionsabweichung	360		-360	Produktionsabw.	360	
Materialaufwand						
Verbrauch Rohstoffe	1.000		1.000	Materialeinsatz		
MGK		-50	50	MGK		
Personalaufwand						
Personalstunden		-800	800	Fertigungskosten		
FGK		-160	160	FGK		
Löhne Produktion	1.500	1.500				
Gehalt Prod.Ltg.	1.000	1.000		Deckungsbeitrag	360	
Löhne Einkauf	1.000	1.000				
Sonstiges						
Umlage CCA->CO-PA				Umlagen		
Ergebnis	4.500	2.490	0	Ergebnis	360	

Abbildung 4.10: Wertefluss FI/CO/CO-PA (VI)

Der Warenausgang als Teil des logistischen Prozesses lässt sich grafisch übersichtlich darstellen (Abbildung 4.11):

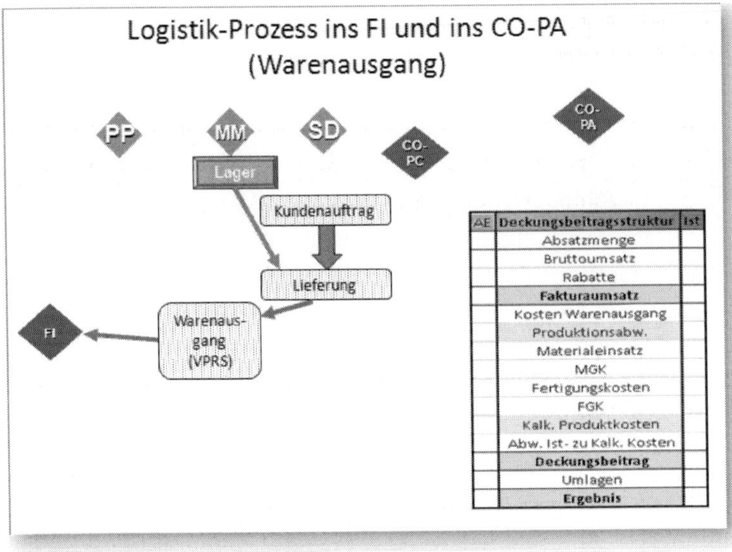

Abbildung 4.11: Prozess Warenausgang

1. Im SD wird aus dem Kundenauftrag heraus eine Lieferung erzeugt: das zu verkaufende Produkt wird aus dem Lager entnommen.
2. Am Ende der Lieferung in SD wird der Button WARENAUSGANG BUCHEN gedrückt, sodass der Warenausgang im Modul FI gebucht wird.
3. Das SAP-System merkt sich diese tatsächlichen Kosten des Warenausgangs und wird diese später im Rahmen der Faktura korrekt in der Konditionsart VPRS ausweisen.

In allen in der Grafik dargestellten sonstigen Modulen passiert erst mal nichts.

Das Thema »Abstimmungsmöglichkeiten beim Warenausgang« mit dem Rechnungswesen werden wir in Abschnitt 5.4.3 intensiv behandeln.

5 Die Faktura

Die Fertigware ist auf dem Weg zum Kunden oder vielleicht schon dort eingetroffen. Jetzt sollten wir schnellstmöglich die dazugehörige Rechnung hinterhersenden.

5.1 Faktura anlegen

Mit der Transaktion `VF01` legen wir die Rechnung an, den Einstieg zeigt Abbildung 5.1.

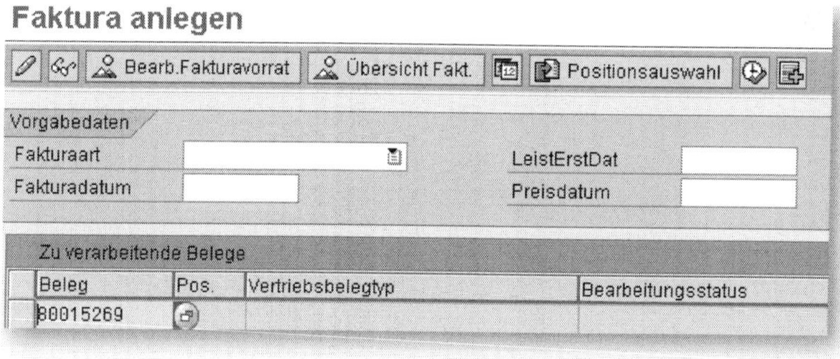

Abbildung 5.1: Einstieg Anlage Faktura

Dabei beziehen wir uns auf die im vorherigen Kapitel beschriebene Lieferung. Bevor wir buchen, sehen wir uns zum einen die hinterlegten Kopfdaten an, die später auf der Rechnung stehen (Abbildung 5.2), und zum anderen in den Positionsdaten die Konditionen (Abbildung 5.3), die wichtig für unser Rechnungswesen sind.

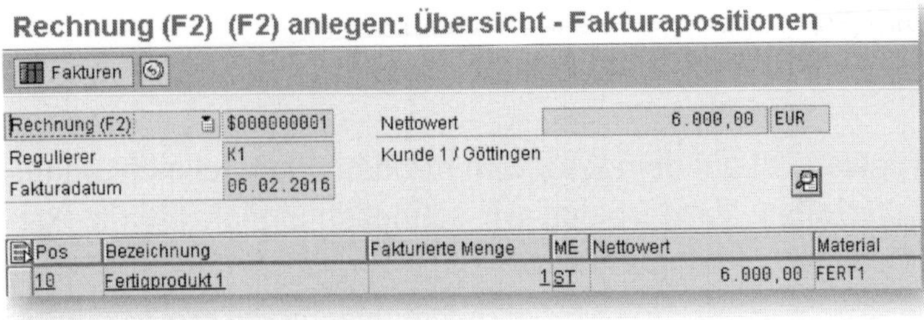

Abbildung 5.2: Kopfdaten Faktura

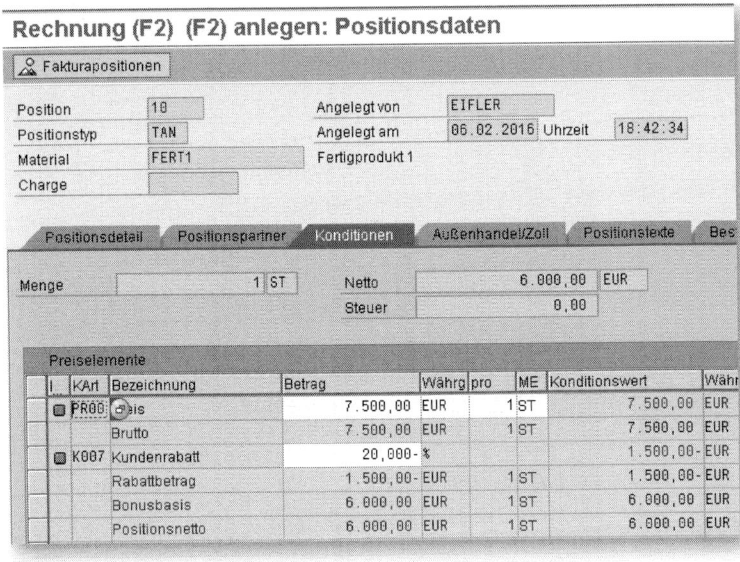

Abbildung 5.3: Fakturakonditionen I

Sie können in den KONDITIONEN theoretisch noch den Bruttolistenpreis oder die Rabattkonditionen verändern, falls Sie das nach Kundenauftragserhalt noch mit Ihrem Kunden vereinbart haben. Wir erkennen, wie bereits im Abschnitt 2.2 beschrieben, dass ein BRUTTO-Listenpreis `PR00` in Höhe von `7.500 EUR` und ein RABATT `K007` in Höhe von `20 %` auf den Bruttoumsatz gefunden wurden.

Abbildung 5.4 zeigt, dass wir beim Runterscrollen in dieser Konditionsliste weitere Konditionen angezeigt bekommen.

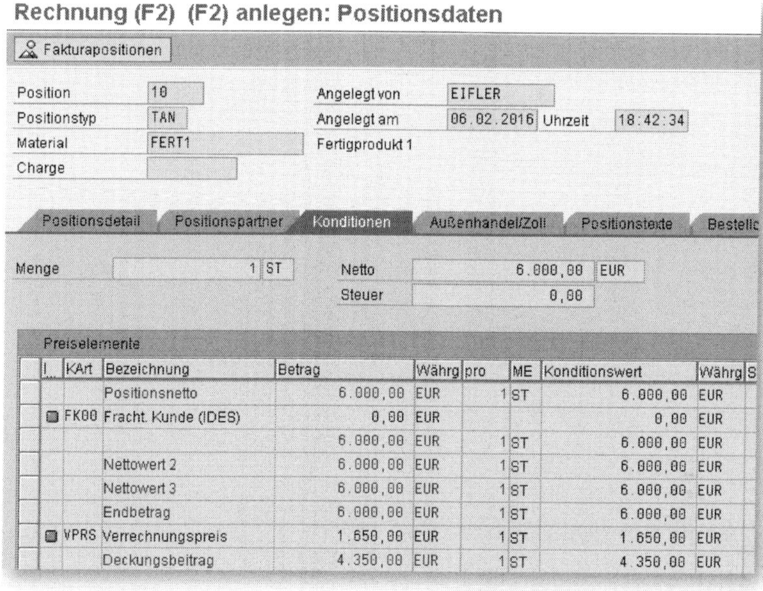

Abbildung 5.4: Fakturakonditionen II

5.2 Die Konditionsart VPRS

In diesem Abschnitt legen wir ein besonderes Augenmerk auf die *Konditionsart VPRS*, die von SAP standardmäßig ausgeliefert wird. Sie spiegelt die tatsächlich in FI gebuchten Kosten des Warenausgangs wider! Im vorherigen Kapitel hatten wir Warenausgangskosten in Höhe von `1.650 EUR` erfasst, genau dieser Wert steht nun als Konditionswert in der Konditionsart `VPRS` (Abbildung 5.4).

Damit sieht die Faktura eigentlich ganz gut aus. Wir sichern und erhalten hoffentlich die anschließende Meldung »Beleg ... gesichert«. Wenn diese Meldung erscheint, wurde parallel auch schon ins Rechnungswesen gebucht. Anderenfalls weist Sie das System darauf hin, dass die Freigabe in die Buchhaltung (und damit auch ins CO und CO-PA) noch zu erfolgen hat. Wir hatten aber Glück und betrachten nun, weil uns nur das an dieser Stelle interessiert, die Rechnungswesenbelege (Start mit `VF03`, siehe Abbildung 5.5).

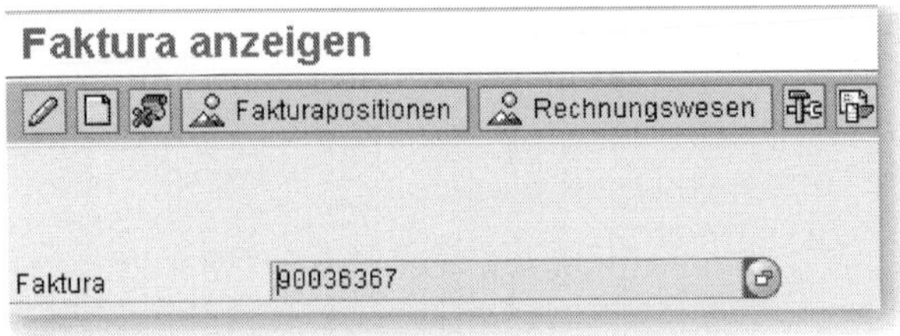

Abbildung 5.5: Faktura anzeigen – Einstieg

5.3 Schnittstelle zum Rechnungswesen

Abbildung 5.6 listet die erzeugten Rechnungswesenbelege auf.

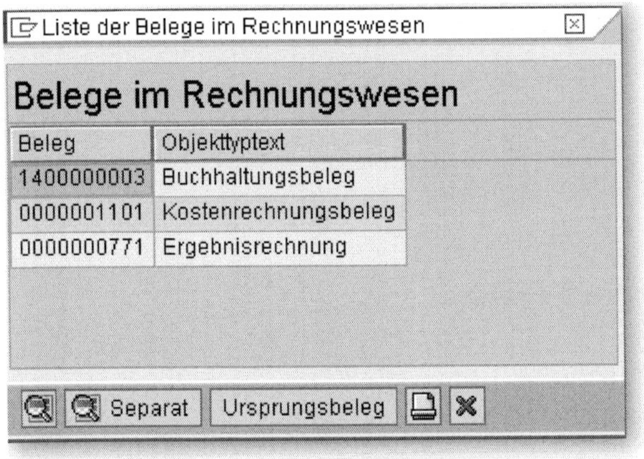

Abbildung 5.6: Erzeugte Fakturabelege

Beleg Ergebnisrechnung

Warum sehen Sie jetzt einen Beleg zur `Ergebnisrechnung`? –Weil Sie im Customizing, wie in Abschnitt 2.3 beschrieben, die zugehörige Bedarfsklasse in der Kundenauftragsposition so eingestellt haben, dass Sie die Faktura direkt und in Echtzeit an CO-PA übergeben! Ansonsten hätten Sie diese Erlöse erst auf dem Kundenauftrag gesammelt, den Sie dann spätestens zum Monatsende an die Ergebnisrechnung abzurechnen hätten.

Beleg Buchhaltung

Aus Vereinfachungsgründen haben wir für den Buchhaltungsbeleg (siehe Abbildung 5.7) auf eine Betrachtung von Umsatzsteuern verzichtet.

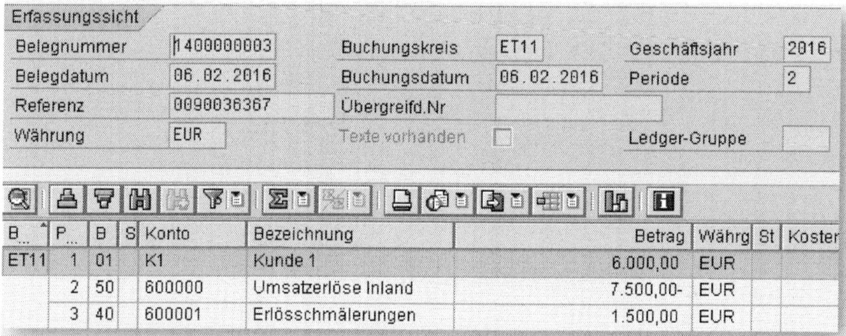

Abbildung 5.7: Fakturabeleg FI

Der Bruttoumsatz wurde auf KONTO 600000, der Rabatt auf KONTO 600001 gebucht. Wie hat das SAP-System diese Konten gefunden? Dies wird im SD-Customizing über die SD-Kontenfindung gesteuert. Dorthin gelangen Sie im Einstellungsmenü über VERTRIEB • GRUNDFUNKTIONEN • ERLÖSKONTENFINDUNG • SACHKONTEN ZUORDNEN.

Für das SACHKONTO 600000 haben wir die in Abbildung 5.8 gezeigten Einstellungen vorgenommen.

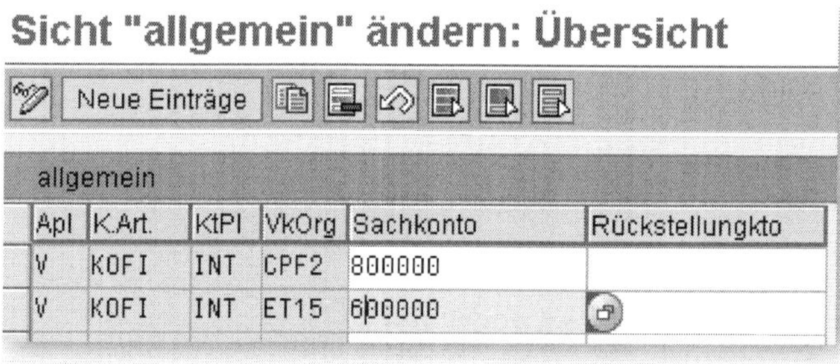

Abbildung 5.8: Erlöskontenfindung

Durch die Zuordnung des Sachkontos `600000` zur Verkaufsorganisation `ET15`, dem Kontenplan `INT`, der Kalkulationsart `KOFI` und letzten Endes zur Applikation `V` (Vertrieb) wird es für die Sachkontenbuchung gefunden. Sie können diese Einstellung auch auf einem spezielleren Level pflegen (da sind Ihrer Fantasie keine Grenzen gesetzt).

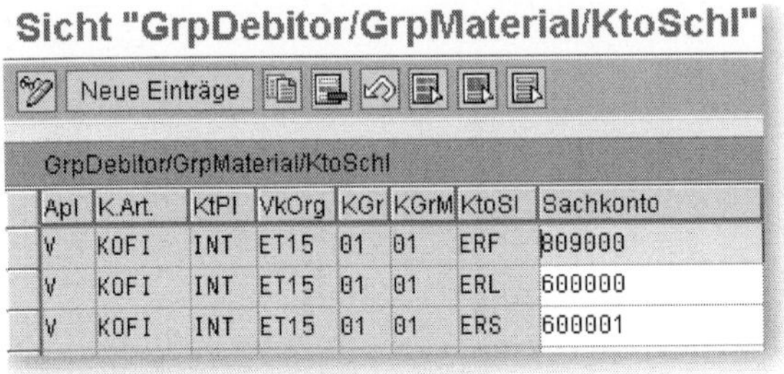

Apl	K.Art.	KtPl	VkOrg	KGr	KGrM	KtoSl	Sachkonto
V	KOFI	INT	ET15	01	01	ERF	809000
V	KOFI	INT	ET15	01	01	ERL	600000
V	KOFI	INT	ET15	01	01	ERS	600001

Abbildung 5.9: Erlöskontenfindung III

In Abbildung 5.9 ist die Spalte KTOSCHL (Kontenschlüssel) wichtig. `ERL` steht für Erlöse, `ERS` für Erlösschmälerungen. Durch diesen Kontenschlüssel kann die Sachkontenfindung noch genauer eingestellt werden.

Sachkonten als Kostenarten anlegen!

Wichtig ist, dass diese Konten nicht nur in Ihrem Kontenplan und Buchungskreis angelegt sein müssen. Damit Sie auch Buchungen im CO-PA erzeugen, sind die Konten als Kostenart vom Typ 11 (Erlösart) bzw. Typ 12 (Erlösschmälerung) anzulegen.

Beleg Kostenrechnung

Mit der Faktura wurde ein zweiter Beleg gebucht: der Kostenrechnungsbeleg (siehe Abbildung 5.10).

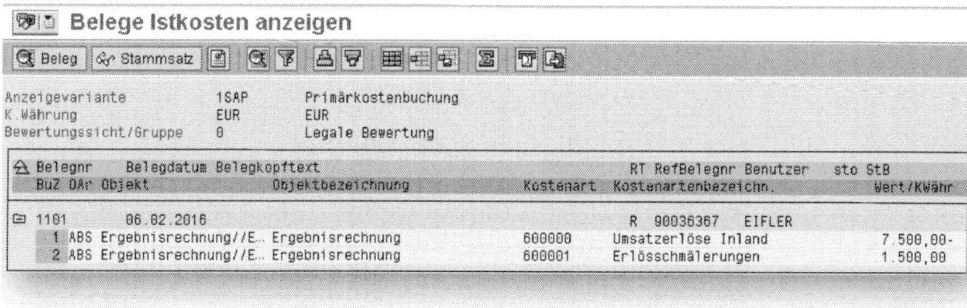

Abbildung 5.10: Kostenrechnungsbeleg Faktura

Dieser wird erzeugt, da wir die beiden bebuchten FI-Konten 600000 und 600001 auch als Kostenarten angelegt haben. Somit hat diese Buchung außerdem Auswirkungen auf das Controlling. Für beide Buchungszeilen wird als CO-Objekt ein *Ergebnisobjekt* ausgewählt. So kommen wir zum dritten Beleg, dem Ergebnisrechnungsbeleg:

Beleg Ergebnisrechnung

Sehen wir uns nun den Einzelposten im CO-PA an, der durch die Faktura erzeugt wurde. Da wir in der Faktura keine Veränderung zum ursprünglichen Kundenauftrag vorgenommen haben, sehen sich Kundenauftrags- und Fakturaeinzelposten im CO-PA sehr ähnlich. Wir können sie aber am Merkmal VORGANGSART unterscheiden: Der Kundenauftrag hatte hier die Merkmalsausprägung A (vgl. Abbildung 2.16), die Faktura (Abbildung 5.11) zeigt sich an der VORGANGSART F.

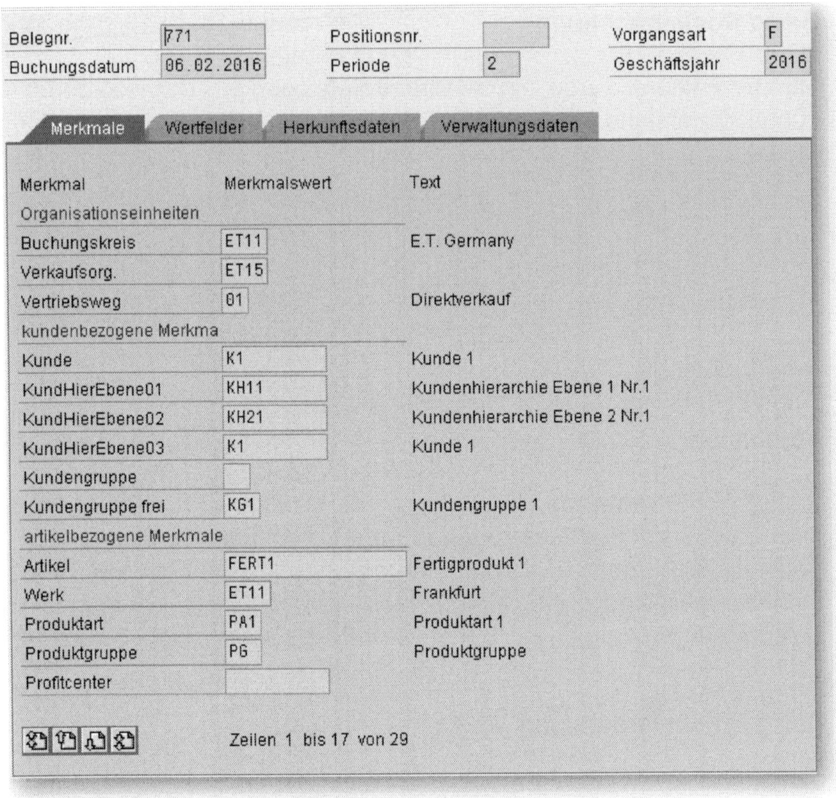

Abbildung 5.11: Merkmale I des Fakturaeinzelpostens

Sie sehen in diesem Einzelposten ferner, dass der ursprüngliche Bezug zum Kundenauftrag erhalten geblieben ist, d. h., Sie werden in einem CO-PA-Bericht diesen Fakturaeinzelposten auf dem Merkmal KUNDENAUFTRAG `12282` wiederfinden (siehe Abbildung 5.12).

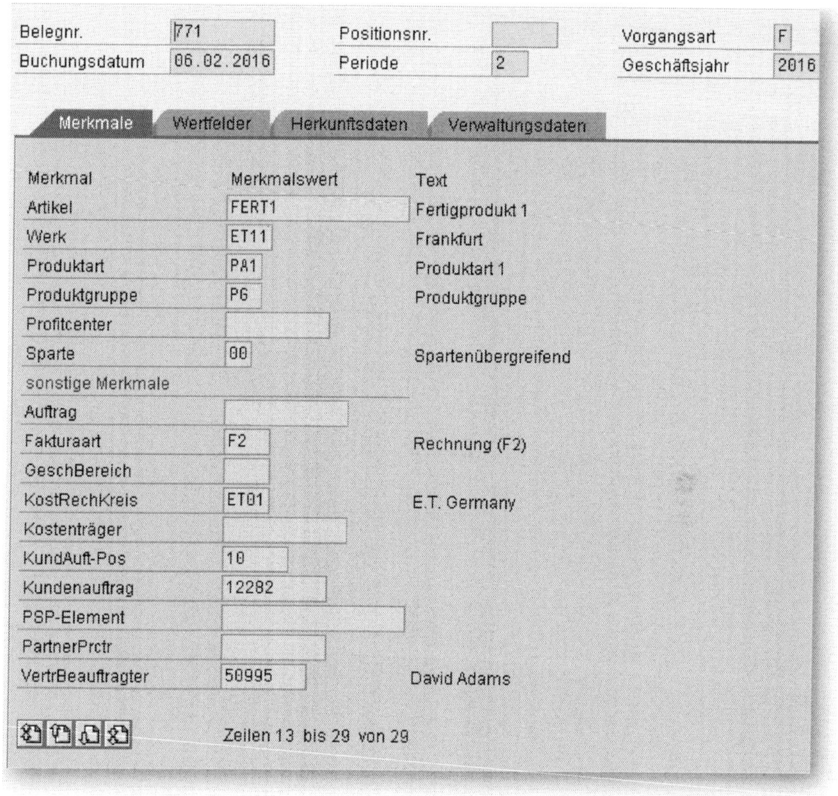

Abbildung 5.12: Merkmale II des Fakturaeinzelpostens

Die Rechnungskonditionsarten PR00 und K007 wurden in die Wertfelder ERLOES (Abbildung 5.13) und SONSTIGE RABATTE (Abbildung 5.14) übernommen. Die Konditionsart VPRS wurde in das Wertfeld KOSTEN WARENAUSGANG überstellt.

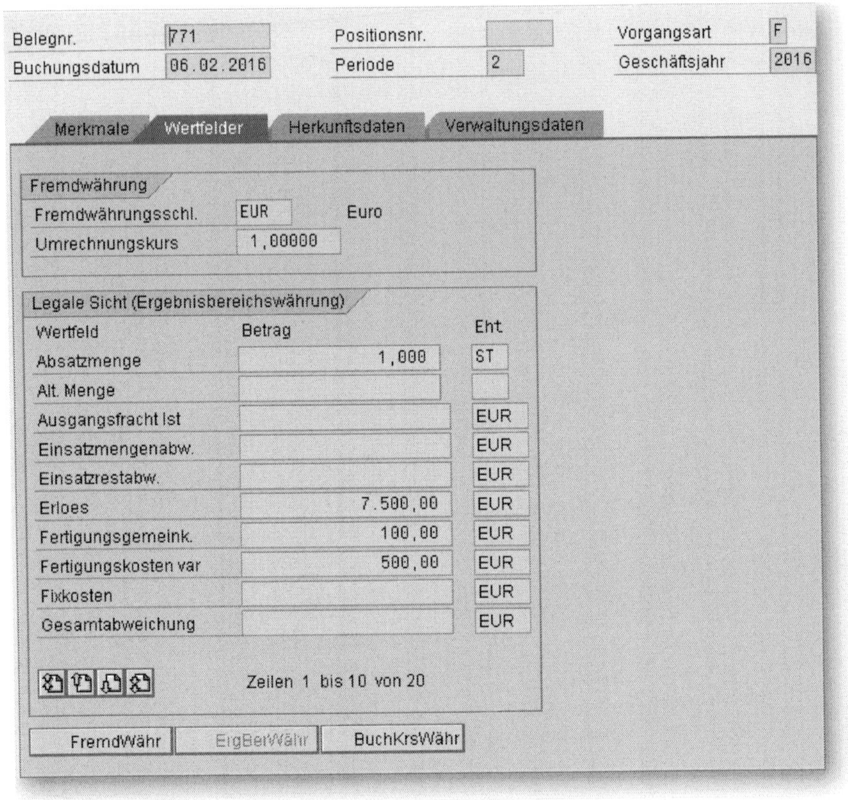

Abbildung 5.13: Wertfelder I des Fakturaeinzelpostens

Die Übernahme der Wertfelder MATERIALEINSATZ, MATERIALGEMEINKOSTEN, FERTIGUNGSKOSTEN und FERTIGUNGSGEMEINKOSTEN erfolgte kalkulatorisch im Rahmen der Bewertung mit der Standardkalkulation. Für diese Positionen wurde weder etwas im FI noch an anderer Stelle im CO gebucht!

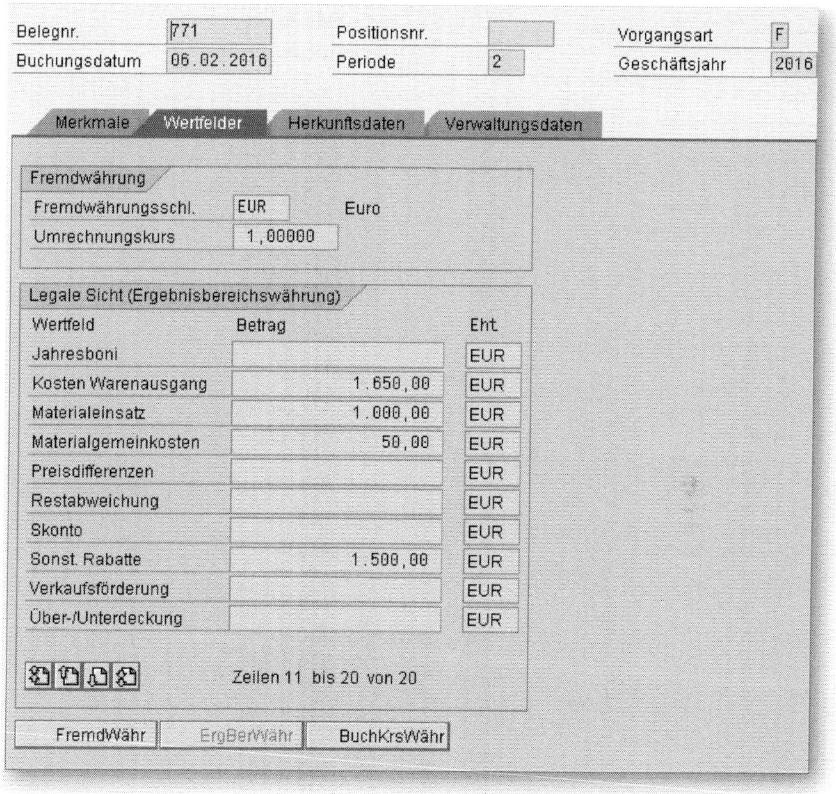

Abbildung 5.14: Wertfelder II des Fakturaeinzelpostens

Welche Veränderungen haben sich durch die Faktura in unserem Wertefluss ergeben (siehe markierte Hervorhebungen in Abbildung 5.15)?

Im CO-PA-Berichtswesen, das Sie über die Transaktion `KE30` aufrufen, hat die Faktura die in Abbildung 5.16 gezeigten Spuren hinterlassen.

Finanzwesen (FI)		Controlling				
		Kostenstelle	Fertigungsauftrag	Ergebnisobjekt (CO-PA)		
GuV	Wert	Wert	Wert	DB-Struktur	Ist-Wert	Kalk. Werte
Umsatz						
Umsatzerlöse	-7.500			Bruttoumsatz	-7.500	
Erlösschmälerungen	1.500			Rabatte	1.500	
Bestandsveränderungen				Fakturaumsatz	-6.000	
WE Fertige Erzeugnisse	-1.650		-1.650			
WE Fertige Erzeugnisse	-360					
WA Fertige Erzeugnisse	1.650			Kosten des WA	1.650	
Produktionsabweichung	360		-360	Produktionsabw.	360	
Materialaufwand						
Verbrauch Rohstoffe	1.000		1.000	Materialeinsatz		1.000
MGK		-50	50	MGK		50
Personalaufwand						
Personalstunden		-800	800	Fertigungskosten		500
FGK		-160	160	FGK		100
Löhne Produktion	1.500	1.500				
Gehalt Prod.Ltg.	1.000	1.000		Deckungsbeitrag	-3.990	
Löhne Einkauf	1.000	1.000				
Sonstiges						
Umlage CCA->CO-PA				Umlagen		
Ergebnis	-1.500	2.490	0	Ergebnis	-3.990	

Abbildung 5.15: Wertefluss FI/CO/CO-PA (VII)

Deckungsbeitrag mit OI

Buchungskreis Komplexe Selektion
Kundenauftrag Komplexe Selektion

Navigation

Kunde
Artikel
KundAuft-Pos

Buchungskreis ET11
Kundenauftrag 12282

Schlüsselspalte	Auftragseingang 01/16-02/16	Ist-Daten 01/16-02/16
Absatzmenge	1,000	1,000
Bruttoumsatz	7.500,00	7.500,00
Rabatte	1.500,00	1.500,00
Fakturaumsatz	6.000,00	6.000,00
Kosten Warenausgang	1.650,00	1.650,00
Produktionsabw.	0,00	0,00
Materialeinsatz	1.000,00	1.000,00
Materialgemeinkosten	50,00	50,00
Fertigungskosten var	500,00	500,00
Fertigungsgemeink.	100,00	100,00
Kalk. Produktkosten	1.650,00	1.650,00
Abw. Ist- Kalk. K.	0,00	0,00
Deckungsbeitrag	4.350,00	4.350,00
Umlagen	0,00	0,00
Ergebnis	4.350,00	4.350,00

Abbildung 5.16: CO-PA-Bericht mit Kundenauftrag und Faktura

Grafisch lässt sich die Faktura als Teil des logistischen Prozesses wie in Abbildung 5.17 darstellen.

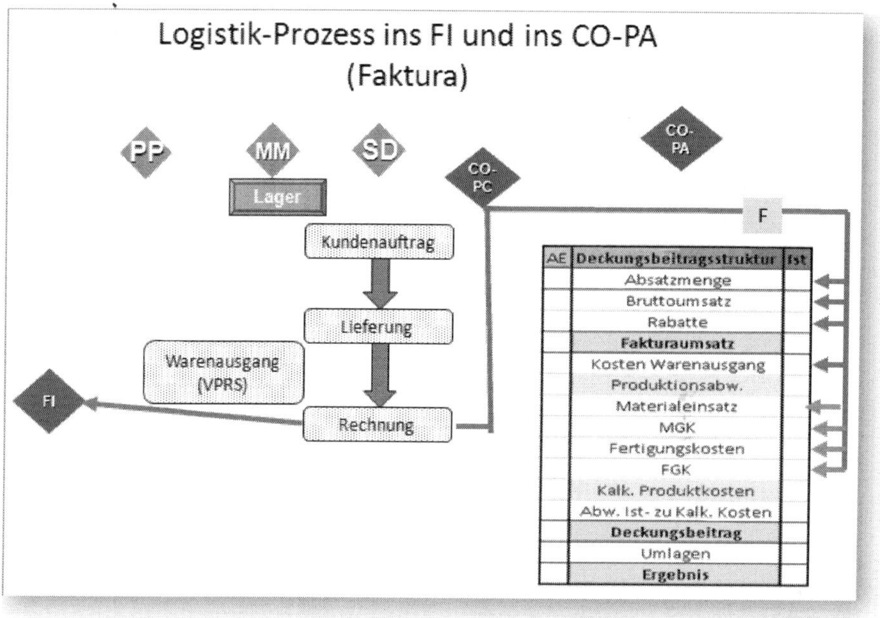

Abbildung 5.17: Prozess Faktura

Was genau sagt uns diese Grafik?

1. Mit Rechnungserstellung wird der Umsatz im FI gebucht.
2. Ferner werden im CO-PA je Fakturaposition Einzelposten geschrieben, welche Absatzmenge, Bruttoumsatz, Rabatte und Kosten des Warenausgangs beinhalten. Diese Felder sind mit FI 1:1 abstimmbar.
3. Die anderen Wertfelder beschreiben kalkulatorische Werte. In diesem Fall wird das Ergebnis der Multiplikation der Absatzmenge mit den Kostenelementen der Standardkalkulation (aus CO-PC) in den entsprechenden Wertfeldern dargestellt.

5.4 Abstimmungsmöglichkeiten mit dem Rechnungswesen

Wie wir in den bisherigen Ausführungen dieses Kapitels gelernt haben, werden mit der Sicherung der Faktura wichtige Daten an das Rechnungswesen übermittelt. Sie bildet also eine wesentliche Schnittstelle zwischen Logistik und Rechnungswesen, speziell zum CO-PA. Daher wollen wir uns in diesem Abschnitt um die Abstimmungsmöglichkeiten der Faktura mit dem Rechnungswesen kümmern. Folgende Fragestellungen sind dabei von besonderem Interesse:

1. Wie lässt sich mein Fakturaumsatz zwischen CO-PA, FI und SD abstimmen?
2. Wie können wir die Kosten, die zum Zeitpunkt des Warenausgangs in FI gebucht wurden, mit denen abgleichen, die zum Zeitpunkt der Faktura ins CO-PA übernommen wurden?
3. Wurde alles ins Rechnungswesen übergeben?

Bei der Abstimmung der Faktura mit dem Rechnungswesen ist das Stichwort der *Periodisierung* zuerst zu nennen. Wurden meine Umsätze jeweils in der gleichen Periode gebucht – sowohl im SD als auch im FI und CO-PA? Wurden gemäß dem Umsatzkostenverfahren die zugehörigen *Costs of Sales* in der gleichen Periode gebucht wie die Umsätze?

Eine weitere wichtige Fragestellung ist, ob überhaupt alle möglichen Rechnungen gestellt wurden! Im SD wird mit der Transaktion `VF04` geprüft, ob der Fakturavorrat spätestens zum Monatsabschluss abgearbeitet ist. Wenn dieser leer ist, können Sie i. d. R. davon ausgehen, dass alle erforderlichen Rechnungen erstellt wurden. Sind darin noch Fakturen enthalten, müssen diese erst angestoßen werden.

Auch an dieser Stelle sei darauf hingewiesen, dass es uns nicht darum geht, alle möglichen Feinheiten im SD zu erklären. Als Ergänzung zeigt Abbildung 5.18 einen kleinen Screenshot aus dem SD-Anwendungsmenü mit den unterschiedlichen Anwendungsbereichen dieses Moduls.

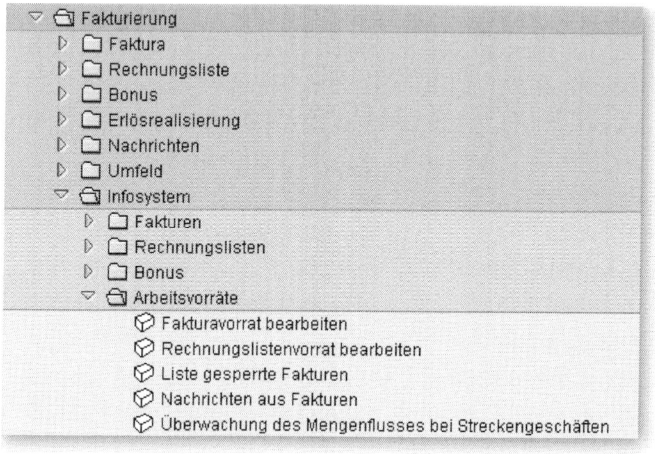

Abbildung 5.18: Arbeitsvorräte bei der Fakturierung

5.4.1 Abstimmung des Umsatzes zwischen FI und CO-PA

Beschäftigen wir uns nun mit dem Abgleich des Umsatzes. Für unseren in diesem Buch beschriebenen Wertefluss haben wir Glück, denn wir haben im Customizing unserer benutzten Bedarfsklassen festgelegt, dass der Kundenauftrag nicht kosten- und erlösführend sein soll, was im Umkehrschluss bedeutet, dass wir mit Sicherung der Faktura die Umsatzdaten direkt an CO-PA übergeben können.

Exkurs zur Umsatzabstimmung

Wenn der Kundenauftrag kosten- und erlösführend ist, ist eine Abstimmung des Umsatzes komplizierter. Die Schwierigkeit besteht darin, dass die Quelle des Umsatzes im CO-PA der abzurechnende Kundenauftrag ist, für die Umsatzdarstellung im FI allerdings die Faktura verantwortlich ist. Sollten Sie, da Sie zwei unterschiedliche Quellen haben, keine 1:1-Beziehung zwischen Kundenauftrag und Faktura herleiten können, wird es schwierig, den Umsatz ohne großen Aufwand abzustimmen (vor allem dann, wenn Sie Differenzen finden). Wenn Sie bspw. einen Kundenauftrag mit mehreren Positionen haben und diese Positionen in unterschiedlichen Fakturen und zu allem Überfluss dem Kunden auch noch in unterschiedlichen Perioden in Rechnung gestellt werden, wird eine eventuelle Fehlersuche ohne Excel oder das Auslesen z. B. der Belegflusstabelle VBFA aufwendig. Wenn hingegen die Faktura sowohl die Quelle des Umsatzes für FI als auch für CO-PA darstellt, können Sie schneller mögliche Abweichungen feststellen, weil die Quelle einheitlich ist.

Genug philosophiert, wie können wir nun für unseren Wertefluss den Umsatz abstimmen?

Beginnen wir mit unserer Analyse im CO-PA. Über den mit der Transaktion `KE30` erzeugten Bericht können Sie sich Ihren Umsatz darstellen lassen (siehe Abbildung 5.19).

Im FI können Sie z. B. mit der Transaktion `FAGLL03` arbeiten. Im Abschnitt 5.3 haben wir beschrieben, dass der Bruttoumsatz auf Konto `600000` und die Rabatte auf Konto `600001` gebucht werden. Verwenden wir nun diese Konten in der Selektion der Transaktion `FAGLL03` (Abbildung 5.20).

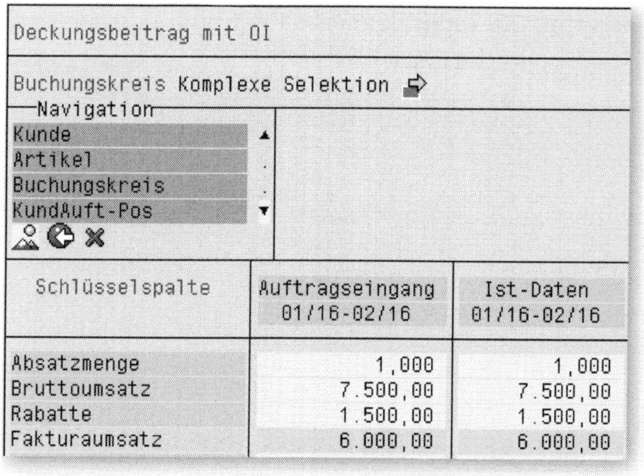

Abbildung 5.19: Fakturaumsatz im CO-PA

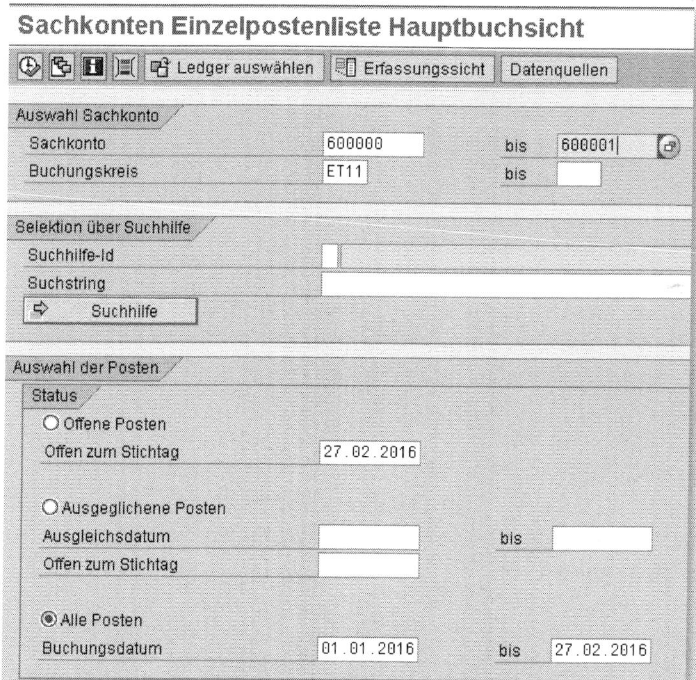

Abbildung 5.20: Selektion FAGLL03

Nach Ausführung erhalten wir eine Listdarstellung gemäß Abbildung 5.21

Sachkonto 600000 Umsatzerlöse Inland Eigenerzeugnisse
Buchungskreis ET11
Ledger 0L

St	Zuordnung	Belegnr	GsBe	Art	Belegdatum	BS	Betr. in HW	HWähr
* ✔							7.500,00-	EUR
** Konto 600000							7.500,00-	EUR

Sachkonto 600001 Erlösschmälerungen Inland
Buchungskreis ET11
Ledger 0L

St	Zuordnung	Belegnr	GsBe	Art	Belegdatum	BS	Betr. in HW	HWähr
☐ ✔		1400000003		RV	06.02.2016	40	1.500,00	EUR
* ✔							1.500,00	EUR
** Konto 600001							1.500,00	EUR

Sachkonto * *
Buchungskreis *
Ledger 0L

St	Zuordnung	Belegnr	GsBe	Art	Belegdatum	BS	Betr. in HW	HWähr
***							6.000,00-	EUR

Abbildung 5.21: Ergebnis FAGLL03

Wir sehen, dass die Umsätze von FI und CO-PA identisch sind (bei nur einem Beleg hätte uns eine Differenz auch gewundert …). Natürlich ist eine derartige Abstimmung bei einem hohen Belegvolumen interessanter.

Alternativ können Sie im CO-PA anstelle der Transaktion `KE30` mit der Transaktion `KE24` Ihre Einzelposten direkt analysieren, speziell dann, wenn Sie zwischen FI und CO-PA eine Umsatzdifferenz in der Periode entdeckt haben.

Viele Unternehmen richten sich mithilfe des *Report Painters* Berichte für FI ein, welche die Sachkonten direkt auslesen, um diese dann über die Transaktion `GR55` aufrufen zu können.

Natürlich sollte im SD auch der gleiche Umsatz wie in FI oder im CO-PA stehen. Um dies zu überprüfen, können Sie bspw. mit der Transaktion `VF05N` Ihre Umsätze im SD aufrufen (siehe Abbildung 5.22).

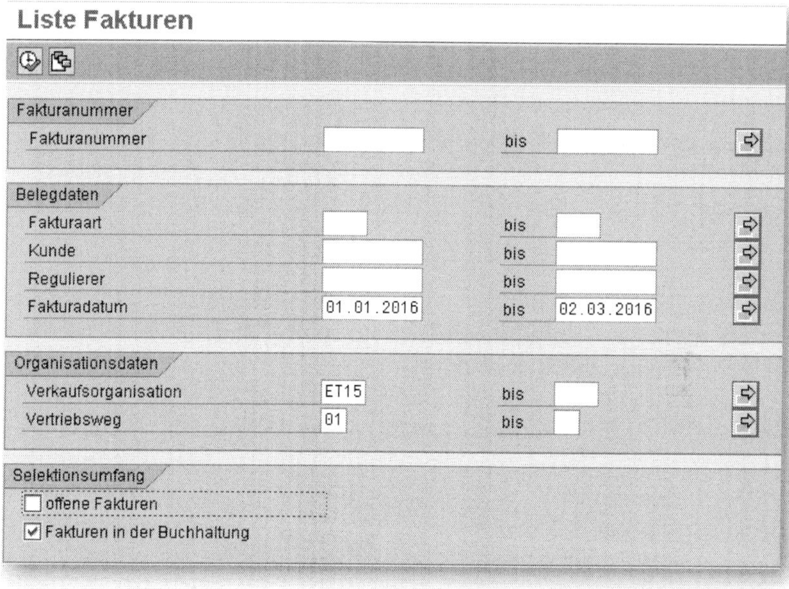

Abbildung 5.22: Selektionsbildschirm VF05N

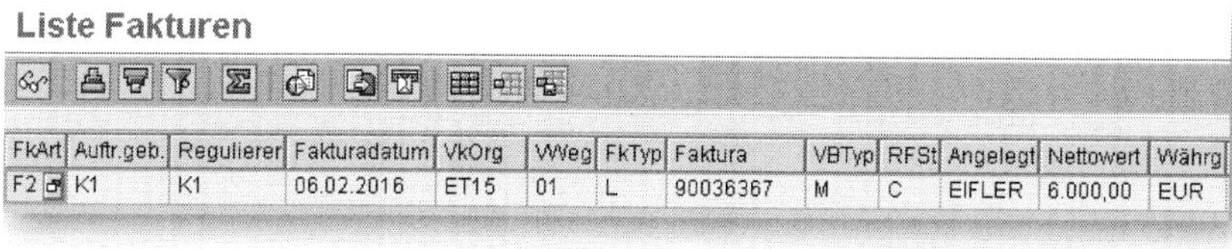

Abbildung 5.23: Ergebnis VF05N

Sie sehen in der Ergebnisliste (Abbildung 5.23) zwar nur die eine für unser Beispiel erzeugte Faktura, aber wenn Sie viele Fakturen angelegt haben, können Sie mit dieser Transaktion Ihre SD-Fakturaumsätze in Summe abstimmen.

5.4.2 Abstimmung der Kosten des Warenausgangs zwischen FI und CO-PA

Wie wir bisher gelernt haben, ist der Zeitpunkt des Warenausgangs entscheidend für die Buchung der Kosten des Warenausgangs im FI. Diese Kosten werden im CO-PA erst mit Sicherung der Faktura erfasst. Für eine saubere Periodisierung ist es daher wichtig, organisatorisch zu gewährleisten, dass der Warenausgang und die Faktura in dieselbe Periode fallen. Nur so stellen Sie gemäß dem Umsatzkostenverfahren sicher, dass den Umsätzen die dazugehörigen Kosten des Umsatzes gegenübergestellt werden.

Eine zweite wichtige Bedingung für die kalkulatorische Ergebnisrechnung ist, dass die Konditionsart VPRS automatisch die tatsächlich gebuchten Kosten des Warenausgangs enthält.

Wenn beide Voraussetzungen erfüllt sind, müssen die Kosten des Warenausgangs zwischen FI und CO-PA übereinstimmen. Wie prüfen wir nun, ob dem so ist?

Auch jetzt starten wir unsere Analyse über CO-PA. An dieser Stelle beschreiben wir Ihnen den Weg über die Transaktion `KE24` (Transaktion `KE30` wäre ebenfalls wieder möglich).

Über die VORGANGSART `F` suchen wir CO-PA-Einzelposten, die aus der Fakturierung stammen (siehe Abbildung 5.24). In der anschließend erscheinenden Liste können Sie sich über den Button LAYOUT ÄNDERN die Einzelposten so zusammenstellen, wie Sie es gerade benötigen. Sie könnten aber auch ein vorab definiertes Einzelpostenlayout verwenden. Grundsätzlich wird bei der Selektion zuerst ein Standardlayout herangezogen, sofern Sie vorab kein Layout vorgegeben haben (siehe Abbildung 5.25).

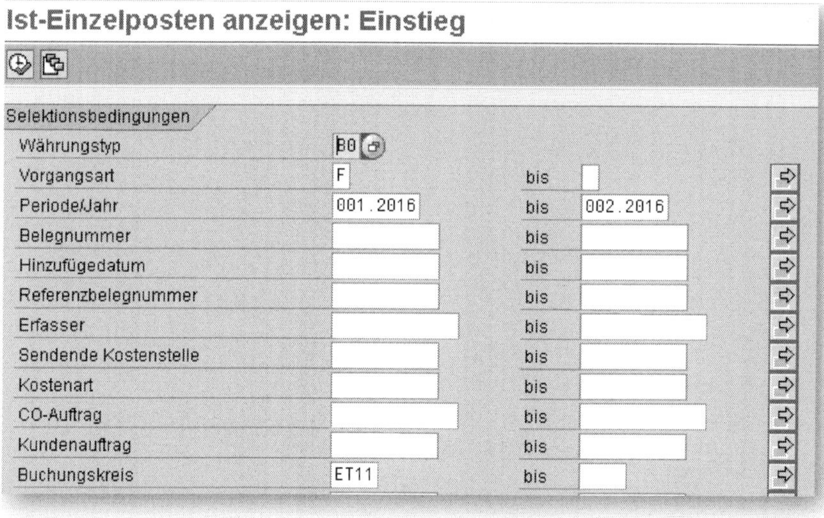

Abbildung 5.24: Selektion Fakturaeinzelposten

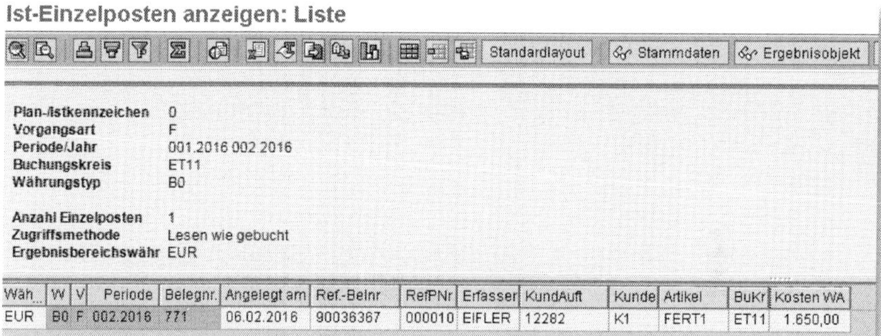

Abbildung 5.25: Fakturaeinzelposten im CO-PA

Nun überprüfen wir die Kosten des Warenausgangs im FI. Sie erinnern sich, dass wir die Warenausgangsbuchung folgendermaßen vorgenommen hatten (vgl. Kapitel 4, Abbildung 4.5): `893015` (Herstellkosten des Umsatzes) an `222222` (Fertige Erzeugnisse) mit Wert `1.650 EUR`.

Wir gehen nun mit dem Aufwandskonto 893015 erneut in die Transaktion FAGLL03 (siehe Abbildung 5.26).

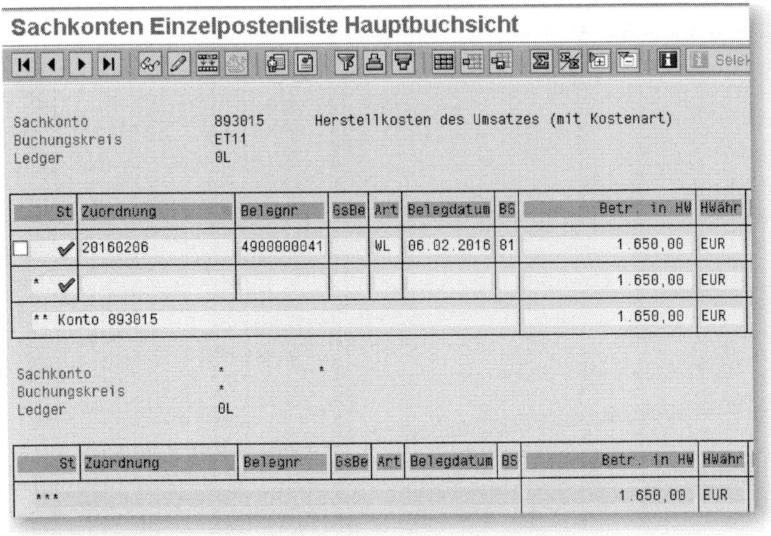

Abbildung 5.26: Kosten des Warenausgangs in FI

FI und CO-PA weisen dieselben Kosten des Warenausgangs in Höhe von 1.650 EUR aus.

5.4.3 Möglichkeiten zur Umsatz- oder Cost-of-Sales-Korrektur im CO-PA

Wenn Sie aber spätestens zum Periodenende doch Differenzen im Umsatz oder in den Kosten des Warenausgangs zwischen FI und CO-PA entdecken, wie können Sie Anpassungen im CO-PA vornehmen, damit beide Module wieder übereinstimmen? It depends …

Liegt ein Fakturafehler vor, gilt grundsätzlich:

Korrektur am Ursprung.

Dann werden automatisch im FI und CO-PA Korrekturbelege erzeugt. Genauer gesagt, wird im CO-PA der bisherige Einzelposten storniert und ein neuer Einzelposten erstellt.

Wenn aber z. B. die Faktura im FI und SD korrekt ist, im CO-PA aber – vielleicht aufgrund eines Fehlers im CO-PA-User-Exit – ein falsches Wertfeld gefüllt ist, können Sie diese Faktura im CO-PA erneut erfassen:

Die Transaktion KE4ST bietet die Möglichkeit, eine erneute Fakturaübernahme zu simulieren, d. h., Sie können überprüfen, ob ein neuer Fakturaeinzelposten den gewünschten Erfolg bringt.

Über die Transaktion KE4S erzeugen Sie einen neuen Fakturaeinzelposten zum entsprechenden SD-Beleg (siehe Abbildung 5.27).

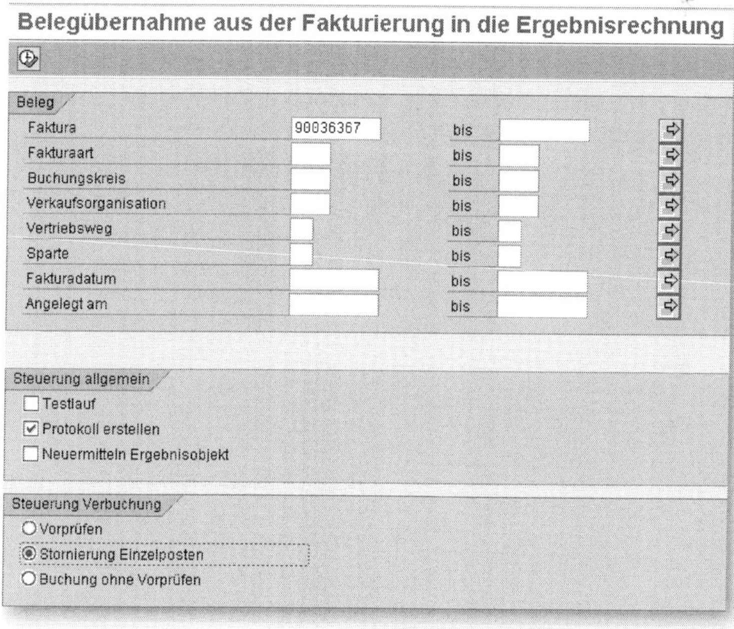

Abbildung 5.27 : Selektion KE4S

Als Ergebnis erscheint nun Abbildung 5.28: Es wurden zwei neue CO-PA-Einzelposten erzeugt.

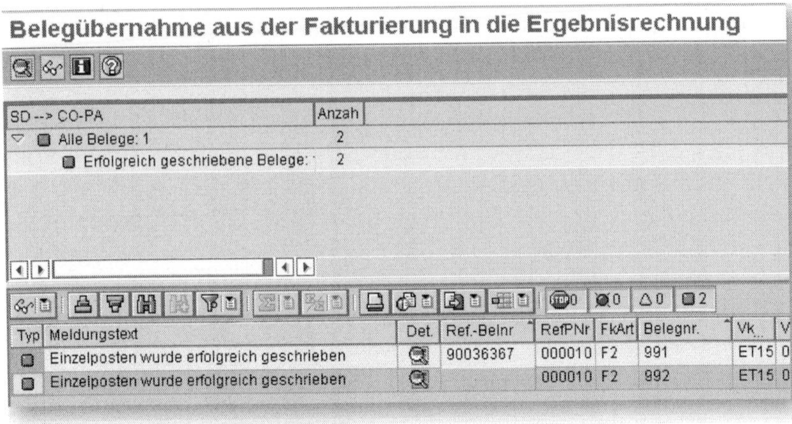

Abbildung 5.28: Ergebnis KE4S

Wenn Sie sich mithilfe der Lupe den dazugehörigen Ursprungsbeleg, in diesem Fall die Faktura, ansehen und anschließend den Button RECHNUNGSWESEN drücken, sehen Sie in der aufgeklappten Liste (Abbildung 5.29), dass unsere Faktura nun drei CO-PA-Einzelposten (Ergebnisrechnung) hat: den fehlerhaften Ursprungseinzelposten, den Stornoeinzelposten und den Korrektureinzelposten.

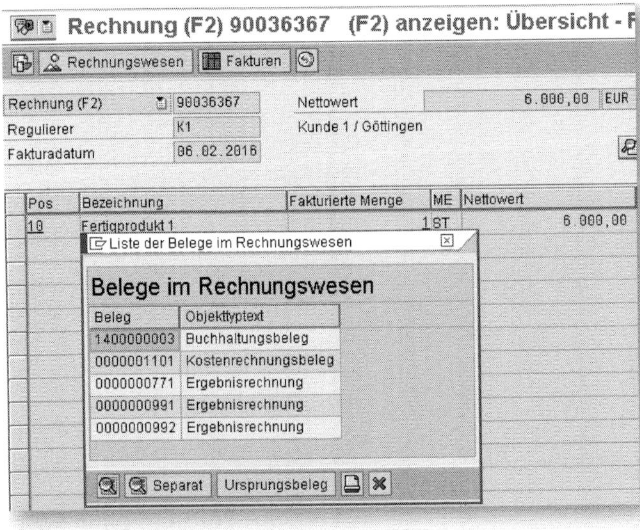

Abbildung 5.29: Ergebnis KE4S II

5.5 Exkurs: Das Auftragsbestandsreporting über CO-PA

Da im Standard-SAP-System kein richtiges Reporting zum Auftragsbestand existiert, könnten Sie obigen CO-PA-Bericht um die Spalte AUFTRAGSEINGANG ABZÜGLICH ISTDATEN erweitern, und schon hätten Sie bis auf die Ebene Kundenauftrag/Kundenauftragsposition ein aussagefähiges Bestandsreporting. Bei dieser Konzeption müsste man aber voraussetzen, dass Sie diesen SAP-Bericht immer von der Periode aus starten, in der Sie mit Ihrem CO-PA begonnen haben. In unserem Beispiel würde die Spalte AUFTRAGSBESTAND »null« ausweisen (siehe Abbildung 5.30), weil der Kundenauftrag bereits geliefert und fakturiert worden ist:

Deckungsbeitrag mit OI

Buchungskreis Komplexe Selektion
Kundenauftrag Komplexe Selektion

Navigation

Kunde
Artikel
KundAuft-Pos

Buchungskreis ET11 E.T. German
Kundenauftrag 12282

Schlüsselspalte	Auftragseingang 01/16-02/16	Ist-Daten 01/16-02/16	Auftragsbestand 01/16-02/16
Absatzmenge	1,000	1,000	0,000
Bruttoumsatz	7.500,00	7.500,00	0,00
Rabatte	1.500,00	1.500,00	0,00
Fakturaumsatz	6.000,00	6.000,00	0,00
Kosten Warenausgang	1.650,00	1.650,00	0,00
Produktionsabw.	0,00	0,00	0,00
Materialeinsatz	1.000,00	1.000,00	0,00
Materialgemeinkosten	50,00	50,00	0,00
Fertigungskosten var	500,00	500,00	0,00
Fertigungsgemeink.	100,00	100,00	0,00
Kalk. Produktkosten	1.650,00	1.650,00	0,00
Abw. Ist- Kalk. K.	0,00	0,00	0,00
Deckungsbeitrag	4.350,00	4.350,00	0,00
Umlagen	0,00	0,00	0,00
Ergebnis	4.350,00	4.350,00	0,00

Abbildung 5.30: Auftragsbestandsreport

6 Umlage in das CO-PA

Als letzten Schritt in unserem Wertefluss beschäftigen wir uns mit der Kostenstellenumlage in die Ergebnisrechnung. Diese Umlage dient zur Verrechnung der Istkosten von Kostenstellen auf Ergebnisobjekte ins CO-PA.

6.1 Der Umlageprozess in die Ergebnisrechnung

Mit dieser Funktion sind wir in der Lage, die jeweilige Über-/Unterdeckung unserer Kostenstellen Produktion (KS1), Einkauf (KS3) sowie Produktionsleitung (KS4) an CO-PA zu übergeben.

Was bedeutet Über-/Unterdeckung?

In unserem Wertefluss haben wir auf drei Kostenstellen Istkosten gebucht: Löhne auf die Kostenstellen KS1 und KS3 sowie Gehälter auf die Kostenstelle KS4. Während des Produktionsprozesses haben wir sowohl über die Interne Leistungsverrechnung der Personalstunden als auch über die Zuschlagskalkulation unsere drei Kostenstellen entlastet und unseren Fertigungsauftrag belastet. Die Über-/Unterdeckung ist genau der Betrag, der am Ende des Tages auf den drei Kostenstellen übrig bleibt:

```
Über-/Unterdeckung = Belastungen - Entlastungen
```

Ansehen können wir uns die Über-/Unterdeckungen der Kostenstellen bspw. mit der Transaktion `KSB1` (Kostenstellen Einzelposten Istkosten anzeigen) (siehe Abbildung 6.1).

Kostenart	Kostenartenbezeichn.	Σ	Wert/BWähr	BWähr	BuKr.	Kostenstelle
744444	Fertigungs-Loehne		1.500,00	EUR	ET11	KS1
943111	Personal Stunden		800,00-	EUR	ET11	
		▪	**700,00**	**EUR**		KS1
744444	Fertigungs-Loehne		1.000,00	EUR	ET11	KS3
941111	Zuschlag Material		50,00-	EUR	ET11	
		▪	**950,00**	**EUR**		KS3
755555	Gehaelter		1.000,00	EUR	ET11	KS4
941222	Zuschlag Fertigung		160,00-	EUR	ET11	
		▪	**840,00**	**EUR**		KS4
		▪▪	**2.490,00**	**EUR**		

Abbildung 6.1: Über-/Unterdeckung Kostenstellen

KOSTENSTELLE KS1:

- Belastung Löhne über 1.500 EUR
- Entlastung Interne Leistungsverrechnung über 800 EUR
- Über-/Unterdeckung über 700 EUR

KOSTENSTELLE KS3:

- Belastung Löhne über 1.000 EUR
- Entlastung Materialgemeinkostenzuschlag über 50 EUR
- Über-/Unterdeckung über 950 EUR

KOSTENSTELLE KS4:

- Belastung Gehälter über 1.000 EUR
- Entlastung Fertigungsgemeinkostenzuschlag über 160 EUR
- Über-/Unterdeckung über 840 EUR

Gesamt: 2.490 EUR

Report für Über-/Unterdeckung von Kostenstellen

Der Standard SAP-Report `S_ALR_87013611` (Kostenstellen: Ist/Plan/Abweichungen) zeigt ebenfalls u. a. die Über-/Unterdeckung von Kostenstellen. Es handelt sich hierbei nicht um einen Einzelpostenbericht. Pro Kostenstelle und Kostenart werden die Be- und Entlastungen in Summe dargestellt.

Sie haben hier die Möglichkeit, einzelne Kostenstellen für einen bestimmten Zeitraum oder auch für einen Kostenstellenbereich bzw. eine ganze Kostenstellengruppe zu selektieren. Über die Bericht/Bericht-Schnittstelle ist in diesem Report eingestellt, dass Sie durch Doppelklick auch in die Einzelposten (Transaktion `KSB1`) abspringen können.

Der Transfer dieser Über-/Unterdeckungen von den Kostenstellen ins CO-PA erfolgt mit der Ausführung sogenannter *Umlagezyklen*.

Ein Umlagezyklus steuert den Ablauf einer Umlage und enthält in den sogenannten *Segmenten* alle relevanten Steuerungsinformationen zu Sendern (Kostenstellen), Empfängern (Ergebnisobjekte), Sender- und Empfängerregeln sowie Bezugsgrößen. Der Name und das Anfangsdatum bilden den eindeutigen Schlüssel des Umlagezyklus.

Im Folgenden werden wir einen Umlagezyklus mit jeweils einem Segment pro Kostenstelle anlegen (KS1, KS3 und KS4), anschließend ausführen und uns dann das Ergebnis anschauen.

Einen Umlagezyklus für CO-PA können Sie mit der Transaktion `KEU1` anlegen. In unserem Beispiel legen wir den UMLAGEZYKLUS `ZUML` mit dem ANFANGSDATUM `01.01.2016` an (siehe Abbildung 6.2).

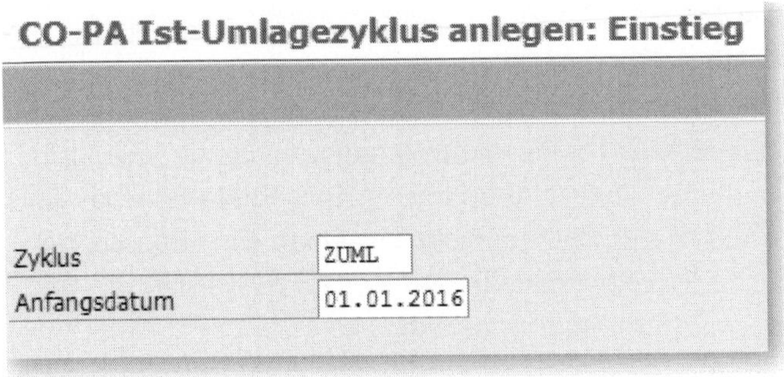

Abbildung 6.2: Umlagezyklus CO-PA anlegen

Mit der Betätigung der `Enter`-Taste gelangen wir in die Kopfdaten des Umlagezyklus (siehe Abbildung 6.3).

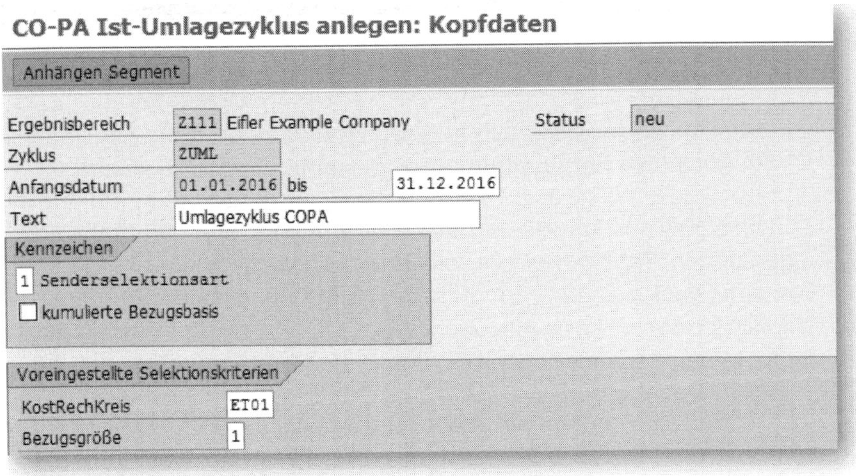

Abbildung 6.3: Umlagezyklus CO-PA – Kopfdaten

In den Kopfdaten geben wir als Beschreibung `Umlagezyklus COPA` ein, wählen die SENDERSELEKTIONSART `1` (Gesamtkosten), unseren KOSTENRECHNUNGSKREIS `ET01` und `1` (Kalkulatorische Ergebnisrechnung) als BEZUGSGRÖßE aus.

Anschließend können wir über den Button ANHÄNGEN SEGMENT unsere drei Segmente anlegen.

Folgende Angaben müssen wir in den jeweiligen Segmenten vornehmen. Sie können diese Einstellungen anhand von Abbildung 6.4 bis Abbildung 6.6 beispielhaft für das Segment zur Kostenstelle KS1 nachverfolgen:

SEGMENTNAME (siehe Abbildung 6.4):

- Den drei Segmenten geben wir jeweils den Namen der umzulegenden Kostenstelle (KS1, KS3 und KS4).

Reiter SEGMENTKOPF:

- Als UMLAGEKOSTENART wählen wir für alle Segmente `942555 - Umlage CO-PA` aus. Diese sekundäre Kostenart haben wir mittels der Transaktion `KA06` mit dem Kostenartentyp `42 - Umlage` angelegt. Über sie wird die jeweilige Entlastung auf den Kostenstellen gebucht.
- Als Empfängerwertfeld geben wir für alle Segmente das `Wertfeld VV375 - Über-/Unterdeckung` ein, da wir hierher die Über-/Unterdeckung aller Kostenstellen transferieren wollen.
- Als SENDERWERTE wählen wir für jedes Segment `Gebuchte Beträge` aus.
- Die EMPFÄNGERBEZUGSBASIS sollen für alle Segmente `feste Prozentsätze` sein.

Reiter SENDER/EMPFÄNGER (siehe Abbildung 6.5):

- Als KOSTENSTELLE des Senders wählen wir für jedes Segment die entsprechende Kostenstelle aus (KS1, KS3 oder KS4).
- Als EMPFÄNGER wählen wir für alle Segmente unseren Buchungskreis `ET11`.

Reiter EMPFÄNGERBEZUGSBASIS (siehe Abbildung 6.6):

- Als Empfängerbezugsbasis geben wir (für unseren Buchungskreis `ET11`) den prozentualen Anteil von `100 %` in allen Segmenten an.

Mit den so vorgenommenen Einstellungen stellen wir sicher, dass mit der Ausführung des Umlagezyklus alle Über-/Unterdeckungen der Kostenstellen KS1, KS3 und KS4 zu 100 % in das Wertfeld VV375 mit dem Merkmal »Buchungskreis ET11« transferiert werden. Die Entlastungsbuchung auf der jeweiligen Kostenstelle wird mit der Kostenart `942555` gebucht.

Umlagezyklus CO-PA

Innerhalb der Definition eines Umlagezyklus ins CO-PA können Sie eine Vielzahl weiterer oder anderer Einstellungen vornehmen. Sie können bspw. anstatt mit festen Prozentwerten mit festen Beträgen arbeiten oder anstelle eines festen Wertfelds ein Ergebnisschema wählen. Da der Fokus unseres Buches auf den Werteflüssen ins FI, CO und CO-PA liegt, werden wir an dieser Stelle nicht im Detail auf die weiteren Möglichkeiten zur Definition eines Umlagezyklus ins CO-PA eingehen.

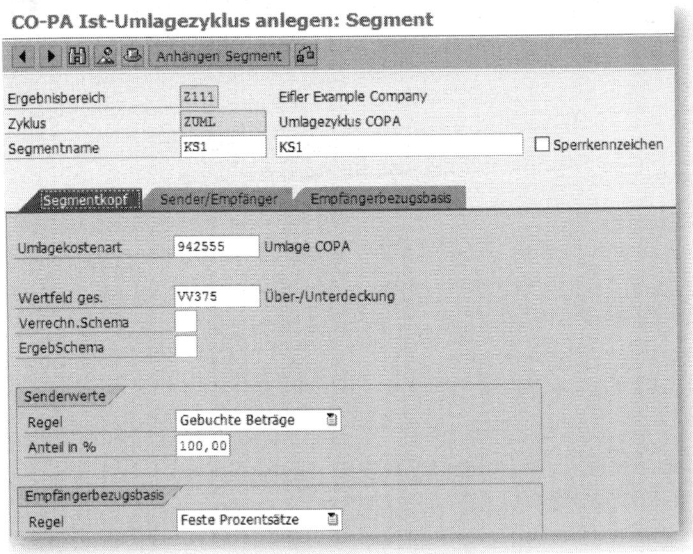

Abbildung 6.4: Umlagezyklus Segmentkopf

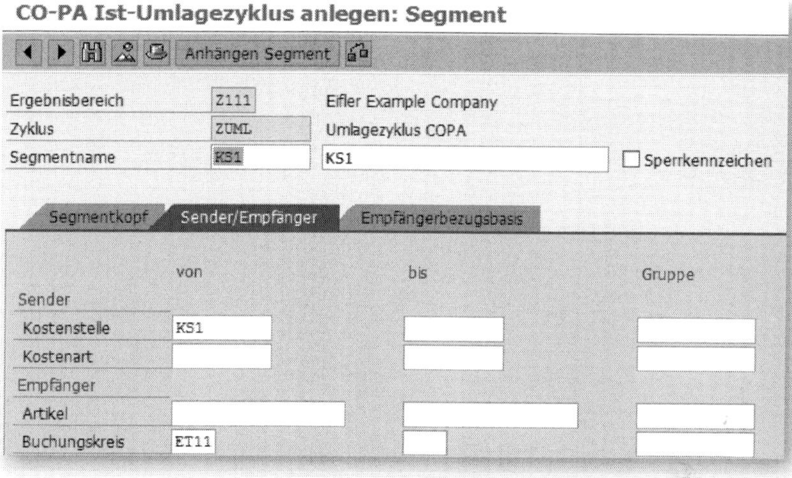

Abbildung 6.5: Umlagezyklus Sender/Empfänger

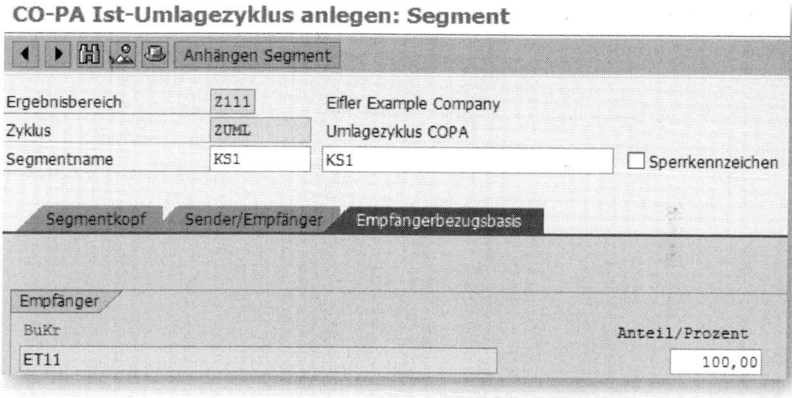

Abbildung 6.6: Umlagezyklus Empfängerbezugsbasis

Umlagezyklus CO-PA anlegen

Da Anwender im SAP-Standard ohne besondere Freigaben keine Umlagezyklen anlegen können, wäre jedes Mal ein Transportauftrag nötig, d. h., die Zyklen müssten im Entwicklungssystem angelegt und über die normale Transportschiene ins Produktivsystem übermittelt werden. Es ergibt durchaus Sinn, die Anlage/Änderung von Umlagezyklen als »laufende Einstellungen« zu definieren, damit diese direkt im Produktivsystem erfolgen kann. Es sind schließlich die End-User, die diese Zyklen anlegen und immer mal wieder anpassen müssen.

Nachdem wir unseren Umlagezyklus angelegt haben, können wir diesen ausführen und somit die Über-/Unterdeckungen laut der Zyklusdefinition ins CO-PA transferieren. Die Transaktion dafür heißt `KEU5` (siehe Abbildung 6.7).

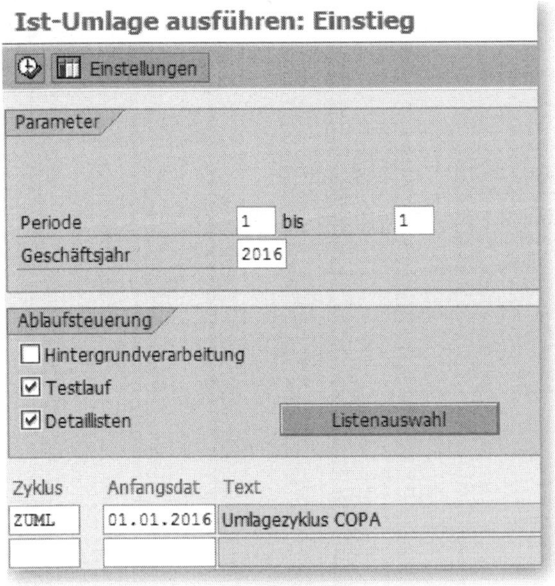

Abbildung 6.7: Umlagezyklus ausführen

Wir wählen die entsprechende BuchungsPERIODE, das GESCHÄFTSJAHR sowie unseren Umlagezyklus ZUML aus. Bevor wir den Umlagezyklus buchen, können wir zur Sicherheit einen TESTLAUF durchführen.

Listenauswahl

In der LISTENAUSWAHL haben Sie die Möglichkeit, sich gewisse Detaillisten anzeigen zu lassen, etwa zu den Sendern und Empfängern. So können Sie bereits mittels Analyse der Ergebnisse der Buchungen im Testlauf festlegen, welche Sender und Empfänger gefunden und mit welchen Werten bebucht werden sollen.

Mit der Ausführung unseres Umlagezyklus im Echtlauf erhalten wir das in Abbildung 6.8 dargestellte Ergebnis.

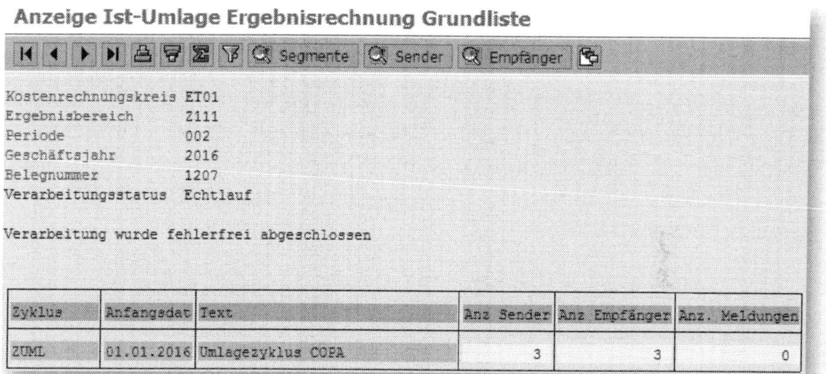

Abbildung 6.8: Umlagezyklus CO-PA – Echtlauf

Folgende Belege werden durch die Verbuchung des Umlagezyklus erzeugt:

- Kostenrechnungsbeleg,
- Ergebnisrechnungsbeleg.

Zur Erinnerung: Es wird in diesem Fall aufgrund der Echtzeitintegration kein FI-Beleg erzeugt; wir hatten im Abschnitt 3.2 erläutert, dass für unser Beispiel die Einstellungen für die Echtzeitintegration so gewählt wurden, dass bspw. nur bei einem Wechsel des Funktionsbereichs oder des Profit Centers ein FI-Beleg erzeugt werden soll. Wir haben bei der CO-PA-Umlage keine derartigen Wechsel.

Der erste Beleg ist ein Kostenrechnungsbeleg (siehe Abbildung 6.9). Dieser wird erzeugt, weil die CO-Objekte »Kostenstellen« mit der UmlageKOSTENART `942555 - Umlage COPA` entlastet werden und ein Ergebnisobjekt belastet wird.

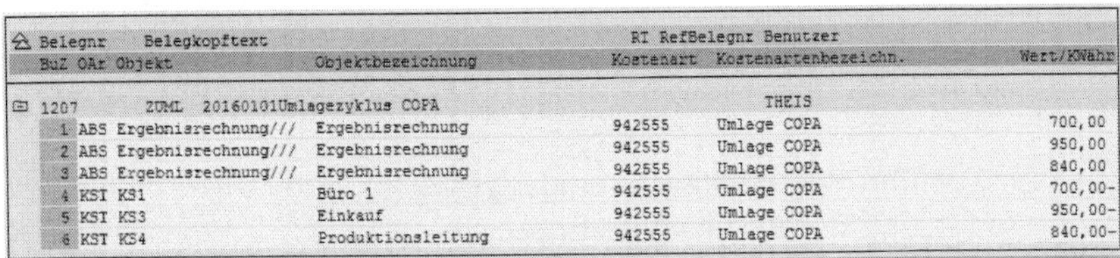

Belegnr			Belegkopftext	RT RefBelegnr Benutzer		
BuZ	OAr	Objekt	Objektbezeichnung	Kostenart	Kostenartenbezeichn.	Wert/KWähr
1207		ZUML	20160101Umlagezyklus COPA	THEIS		
1	ABS	Ergebnisrechnung///	Ergebnisrechnung	942555	Umlage COPA	700,00
2	ABS	Ergebnisrechnung///	Ergebnisrechnung	942555	Umlage COPA	950,00
3	ABS	Ergebnisrechnung///	Ergebnisrechnung	942555	Umlage COPA	840,00
4	KST	KS1	Büro 1	942555	Umlage COPA	700,00-
5	KST	KS3	Einkauf	942555	Umlage COPA	950,00-
6	KST	KS4	Produktionsleitung	942555	Umlage COPA	840,00-

Abbildung 6.9: Kostenrechnungsbeleg

Der zweite Beleg ist der Ergebnisrechnungsbeleg, wobei tatsächlich **drei** Ergebnisrechnungsbelege erzeugt werden, da wir in unserem Umlagezyklus drei Segmente definiert haben. Abbildung 6.10 zeigt beispielhaft einen der erzeugten Ergebnisrechnungsbelege. Die Umlage wird mit der VORGANGSART `D` an CO-PA übergeben.

Sehen wir als Erstes die Transaktion `KSB1` (Kostenstellen Einzelposten Istkosten) an, so stellen wir fest, dass alle Kostenstellen über die KOSTENART `942555 - Umlage COPA` entlastet sind (siehe Abbildung 6.11).

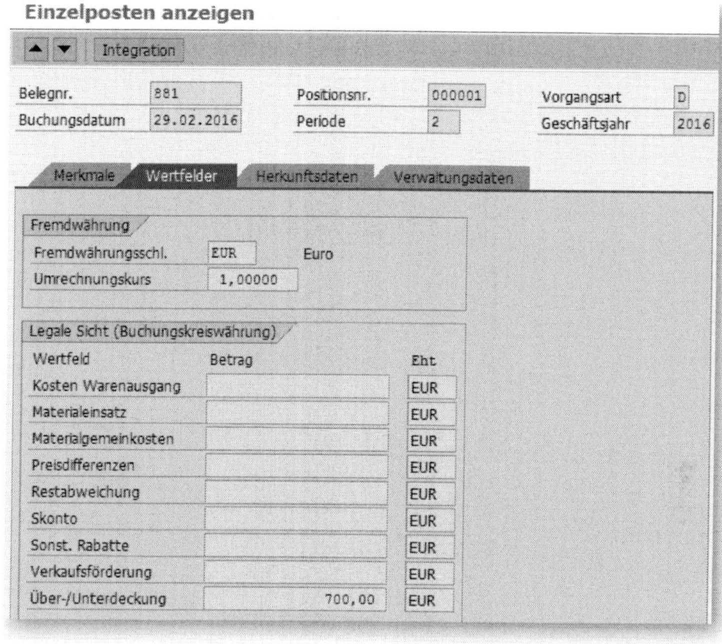

Abbildung 6.10: CO-PA-Beleg – Umlage

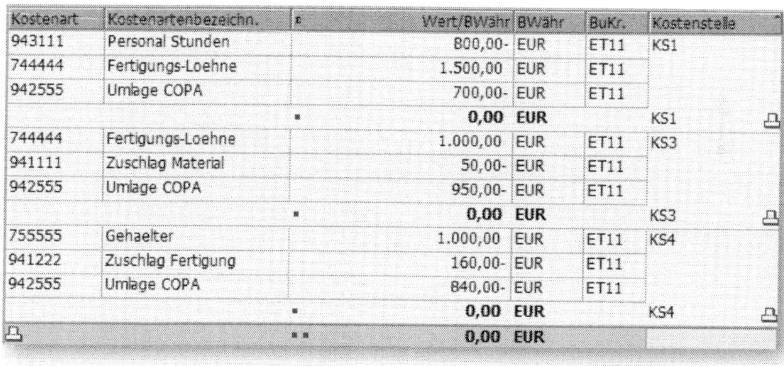

Kostenart	Kostenartenbezeichn.	*	Wert/BWähr	BWähr	BuKr.	Kostenstelle
943111	Personal Stunden		800,00-	EUR	ET11	KS1
744444	Fertigungs-Loehne		1.500,00	EUR	ET11	
942555	Umlage COPA		700,00-	EUR	ET11	
		▪	**0,00**	**EUR**		KS1
744444	Fertigungs-Loehne		1.000,00	EUR	ET11	KS3
941111	Zuschlag Material		50,00-	EUR	ET11	
942555	Umlage COPA		950,00-	EUR	ET11	
		▪	**0,00**	**EUR**		KS3
755555	Gehaelter		1.000,00	EUR	ET11	KS4
941222	Zuschlag Fertigung		160,00-	EUR	ET11	
942555	Umlage COPA		840,00-	EUR	ET11	
		▪	**0,00**	**EUR**		KS4
		▪▪	**0,00**	**EUR**		

Abbildung 6.11: Ergebnis Umlage CO-PA – Kostenstellen

Als Nächstes betrachten wir unseren CO-PA-Bericht mit der Transaktion KE30. Hier zeigt sich, dass sich die Zeile UMLAGEN genau mit unserem Über-/Unterdeckungsbetrag von 2.490 EUR gefüllt hat (siehe Abbildung 6.12).

Schlüsselspalte	Auftragseingang 12/15-02/16	Ist-Daten 12/15-02/16
Absatzmenge	1,000	1,000
Bruttoumsatz	7.500,00	7.500,00
Rabatte	1.500,00	1.500,00
Fakturaumsatz	6.000,00	6.000,00
Kosten Warenausgang	1.650,00	1.650,00
Produktionsabw.	0,00	360,00
Materialeinsatz	1.000,00	1.000,00
Materialgemeinkosten	50,00	50,00
Fertigungskosten var	500,00	500,00
Fertigungsgemeink.	100,00	100,00
Kalk. Produktkosten	1.650,00	1.650,00
Abw. Ist- Kalk. K.	0,00	0,00
Deckungsbeitrag	4.350,00	3.990,00
Umlagen	0,00	2.490,00
Ergebnis	4.350,00	1.500,00

Abbildung 6.12: CO-PA-Bericht

Zum Abschluss schauen wir uns unseren Wertefluss an (siehe Abbildung 6.13).

Wir sehen, dass mit der Umlage ins CO-PA der letzte Schritt in unserem Wertefluss vollzogen wurde. Neben dem Fertigungsauftrag sind nun auch unsere Kostenstellen komplett entlastet.

Unser Werteflussschaubild zeigt, dass wir sowohl in der Ergebnisrechnung als auch im Finanzwesen ein übereinstimmendes Gesamtergebnis erzielt haben: In beiden Modulen beträgt unser Wertefluss 1.500 EUR.

Finanzwesen (FI)		Controlling				
		Kostenstelle	Fertigungs-auftrag	Ergebnisobjekt (CO-PA)		
GuV	Wert	Wert	Wert	DB-Struktur	Ist-Wert	Kalk. Werte
Umsatz						
Umsatzerlöse	-7.500			Bruttoumsatz	-7.500	
Erlösschmälerungen	1.500			Rabatte	1.500	
Bestandsveränderungen				Fakturaumsatz	-6.000	
WE Fertige Erzeugnisse	-1.650		-1.650			
WE Fertige Erzeugnisse	-360					
WA Fertige Erzeugnisse	1.650			Kosten des WA	1.650	
Produktionsabweichung	360		-360	Produktionsabw.	360	
Materialaufwand						
Verbrauch Rohstoffe	1.000		1.000	Materialeinsatz		1.000
MGK		-50	50	MGK		50
Personalaufwand						
Personalstunden		-800	800	Fertigungskosten		500
FGK		-160	160	FGK		100
Löhne Produktion	1.500	1.500				
Gehalt Prod.Ltg.	1.000	1.000		Deckungsbeitrag	-3.990	
Löhne Einkauf	1.000	1.000				
Sonstiges						
Umlage CCA->CO-PA		-2.490		Umlagen	2.490	
Ergebnis	-1.500	0	0	Ergebnis	-1.500	

Abbildung 6.13: Wertefluss FI/CO/COPA (VIII)

6.2 Abstimmungsmöglichkeiten beim Umlagezyklus ins CO-PA

Wir haben bisher immer ausschließlich über Über-/Unterdeckungen von Kostenstellen im Rahmen des Produktionsprozesses gesprochen.

Nun gibt es in Unternehmen auch Kostenstellen, die nicht im Produktionsprozess über interne Leistungsverrechnungen oder Zuschlagskalkulationen entlastet werden, wie bspw. die Kostenstellen »Finanzbuchhaltung«, »Marketing« oder »Personal«, um nur einige zu nennen. Diese werden mit Kosten belastet (Gehälter, Reisekosten, Versicherungen, Abschreibungen usw.) und weisen am Ende des Monats einen Saldo aus. Ggf. haben auch Belastungen und Entlastungen mittels Umlagen zwischen einzelnen Kostenstellen stattgefunden.

Um am Ende des Tages die komplette GuV mit CO-PA abzustimmen, können wir auch diese Kostenstellen mittels Umlagezyklen ins CO-PA transferieren. Das Prinzip ist genau dasselbe wie das in diesem Kapitel beschriebene.

Um am Periodenabschluss festzustellen, ob auch alle Kostenstellen komplett entlastet sind und somit keine Differenz zwischen der GuV im FI und dem DB-Bericht in CO-PA verursachen, steht uns der Bericht S_ALR_87013611 – Kostenstellen: Ist/Plan/Abweichung zur Verfügung (siehe Abbildung 6.14).

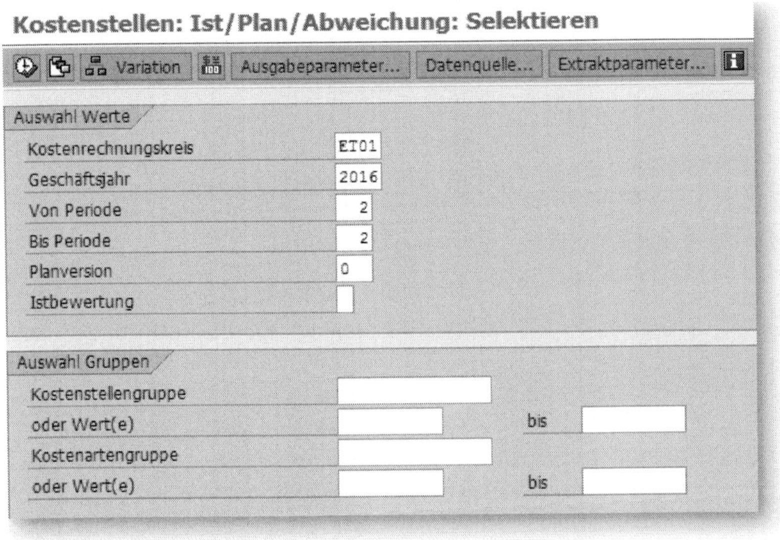

Abbildung 6.14: Selektion Kostenstellenbericht

Wir können in der Selektion verschiedenste Auswahlmöglichkeiten nutzen. Für den Check am Monatsende wäre es z. B. sinnvoll, für die gewünschte Buchungsperiode die Kostenstellengruppe des entsprechenden Buchungskreises auszuwählen. Die Auswirkungen auf das Ergebnis unseres Werteflussbeispiels sehen Sie in Abbildung 6.15.

Kostenstellen: Ist/Plan/Abweichung Stand:

Kostenstelle/Gruppe KS1,KS3,KS4
Verantwortlicher: *
Berichtszeitraum: 2 bis 3 2016

Kostenarten	Istkosten
744444 Fertigungs-Loehne	2.500,00
755555 Gehaelter	1.000,00
* Belastung	3.500,00
941111 Zuschlag Material	50,00-
941222 Zuschlag Fertigung	160,00-
942555 Umlage COPA	2.490,00-
943111 Personal Stunden	800,00-
* Entlastung	3.500,00-
** Über-/Unterdeckung	

Abbildung 6.15: Kostenstellenbericht

Der Kostenstellenbericht zeigt unsere ursprünglich durchgeführten Primärbuchungen auf den Kostenstellen in der Summe `Belastung`. Unter `Entlastung` sehen wir unsere Interne Leistungsverrechnung (Kostenart `943111`) sowie die Zuschläge (Kostenart `941111` und `941222`). Auf der Kostenart `942555` sehen wir die Umlagebuchung über `2.490 EUR` im CO-PA.

Im Vergleich dazu können wir uns unseren ursprünglichen CO-PA-Bericht mit der Transaktion `KE30` wieder anzeigen lassen, um das Ergebnis der Umlage in CO-PA zu überprüfen (siehe Abbildung 6.16).

Schlüsselspalte	Auftragseingang 12/15-03/16	Ist-Daten 12/15-03/16
Absatzmenge	1,000	1,000
Bruttoumsatz	7.500,00	7.500,00
Rabatte	1.500,00	1.500,00
Fakturaumsatz	6.000,00	6.000,00
Kosten Warenausgang	1.650,00	1.650,00
Produktionsabw.	0,00	360,00
Materialeinsatz	1.000,00	1.000,00
Materialgemeinkosten	50,00	50,00
Fertigungskosten var	500,00	500,00
Fertigungsgemeink.	100,00	100,00
Kalk. Produktkosten	1.650,00	1.650,00
Abw. Ist- Kalk. K.	0,00	0,00
Deckungsbeitrag	4.350,00	3.990,00
Umlagen	0,00	2.490,00
Ergebnis	4.350,00	1.500,00

Abbildung 6.16: KE30 – Umlage CO-PA

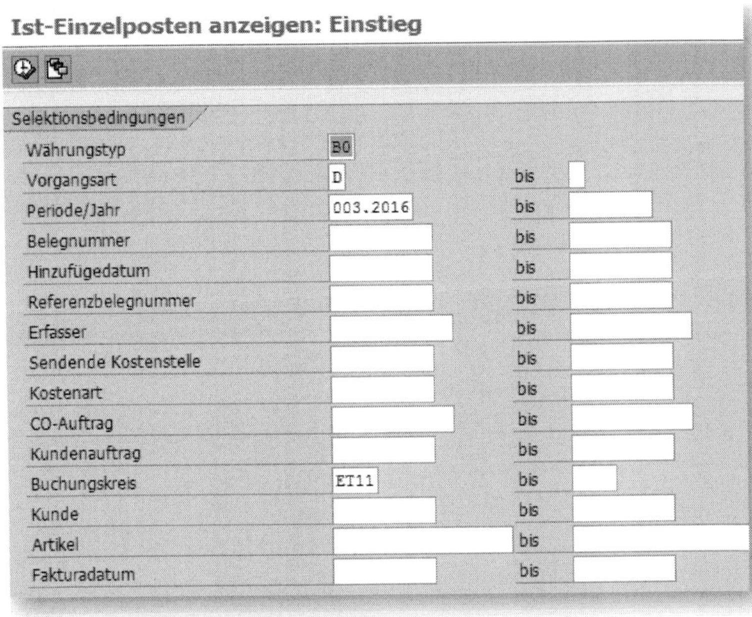

Abbildung 6.17: Selektion KE24

Des Weiteren können wir im CO-PA auch den CO-PA-Ist-Einzelpostenbericht (Transaktion KE24) erneut aufrufen (siehe Abbildung 6.17).

Mit der Auswahl des WÄHRUNGSTYPS, der VORGANGSART, der PERIODE und des GESCHÄFTSJAHRES sowie des BUCHUNGSKREISES können wir den Bericht ausführen. Das Ergebnis zeigt Abbildung 6.18.

Währung	WTy	Vo...	Belegnr.	Position	BuKr.	SendKoSt	Kostenart	FRW...	Σ	Über-/Unterdeckung
EUR	B0	D	889	000001	ET11	KS1	942555	EUR		1.500,00
EUR	B0	D	889	000002	ET11	KS3	942555	EUR		1.000,00
EUR	B0	D	889	000003	ET11	KS4	942555	EUR		1.000,00
EUR	B0	D	890	000001	ET11	KS1	942555	EUR		800,00-
EUR	B0	D	890	000002	ET11	KS3	942555	EUR		50,00-
EUR	B0	D	890	000003	ET11	KS4	942555	EUR		160,00-
EUR									▪	**2.490,00**

Abbildung 6.18: KE24 – Beispiel

7 Weitere Periodenabschluss-aktivität: Ware in Arbeit (WIP)

Während unseres Prozessdurchlaufs vom Auftragseingang über die Produktion und Warenlieferung bis hin zur Faktura und der Umlage ins CO-PA haben wir bereits einige Arbeiten ausgeführt, die eigentlich klassische Periodenabschlusstätigkeiten sind (Zuschlagskalkulation, Ermittlung der Produktionsabweichungen und die Umlage ins CO-PA). Daneben gibt es eine weitere Maßnahme zum Periodenabschluss, die wir in diesem Kapitel ansprechen wollen, da sie Auswirkung auf die Abstimmbarkeit zwischen FI, CO und CO-PA hat: die *WIP-Ermittlung*.

7.1 Der Prozess der WIP-Ermittlung

Rufen wir uns noch einmal unseren Fertigungsauftrag in Erinnerung und tun so, als ob Warenausgänge, Personalstunden und die Zuschläge bereits gebucht worden seien, allerdings die Buchung unseres Fertigproduktes ans Lager noch nicht erfolgt sei (siehe Abbildung 7.1).

Vorgang	Herkunft	Kostenart	Herkunft (Text)	Σ	Istkosten gesamt	Währung
Warenausgänge	ET11/ROHSTOFF 1	733331	Rohstoff 1		400,00	EUR
	ET11/ROHSTOFF 2	733332	Rohstoff 2		600,00	EUR
Warenausgänge				▪	**1.000,00**	**EUR**
Rückmeldungen	KS1/999	943111	Büro 1 / Personalstunden		800,00	EUR
Rückmeldungen				▪	**800,00**	**EUR**
Zuschläge	KS3	941111	Einkauf		50,00	EUR
	KS4	941222	Produktionsleitung		160,00	EUR
Zuschläge				▪	**210,00**	**EUR**
Wareneingang	ET11/FERT1	711111	Fertigprodukt 1		0,00	EUR
Wareneingang				▪	**0,00**	**EUR**
				▪▪	**2.010,00**	**EUR**

Abbildung 7.1: Kostenanalyse Fertigungsauftrag

Ohne Buchung des Wareneingangs unseres Fertigproduktes hat der Fertigungsauftrag noch nicht den Status »endgeliefert«. Dieser Status ist der Indikator, der steuert, dass am Monatsende eine WIP-Ermittlung anstelle einer Abweichungsermittlung durchgeführt wird. Abbildung 7.2 zeigt unser aktuelles Werteflussschaubild.

Finanzwesen (FI)		Controlling				
		Kostenstelle	Fertigungs-auftrag	Ergebnisobjekt (CO-PA)		
GuV	Wert	Wert	Wert	DB-Struktur	Ist-Wert	Kalk. Werte
Umsatz						
Umsatzerlöse				Bruttoumsatz		
Erlösschmälerungen				Rabatte		
Bestandsveränderungen				Fakturaumsatz	0	
WE Fertige Erzeugnisse						
WE Fertige Erzeugnisse						
WA Fertige Erzeugnisse				Kosten des WA		
Produktionsabweichung				Produktionsabw.		
Materialaufwand						
Verbrauch Rohstoffe	1.000		1.000	Materialeinsatz		
MGK		-50	50	MGK		
Personalaufwand						
Personalstunden		-800	800	Fertigungskosten		
FGK		-160	160	FGK		
Löhne Produktion	1.500	1.500				
Gehalt Prod.Ltg.	1.000	1.000		Deckungsbeitrag	0	
Löhne Einkauf	1.000	1.000				
Sonstiges						
Umlage CCA->CO-PA		-2.490		Umlagen	2.490	
Ergebnis	4.500	0	2.010	Ergebnis	2.490	

Abbildung 7.2: Wertefluss FI/CO/CO-PA (IX)

Wie Sie sehen, finden wir auch in unserem Werteflussschaubild in der Spalte FERTIGUNGSAUFTRAG unsere Istkosten über `2010 EUR` wieder. Wäre nun Monatsabschluss, würden wir die Über-/Unterdeckung über `2.490 EUR` unserer Kostenstellen mittels Umlagezyklus ins CO-PA übertragen.

Vergleichen wir das Ergebnis zwischen FI und CO-PA, so zeigt sich eine Differenz: eben genau die 2.010 EUR unseres Fertigungsauftrages.

In diesem Fall fehlt die WIP-Ermittlung für noch nicht endgelieferte oder technisch abgeschlossene Fertigungsaufträge.

Um eine WIP-Ermittlung durchführen zu können, müssen diverse Voraussetzungen geschaffen werden, die wir im Customizing vornehmen müssen und uns im Weiteren genauer ansehen (siehe Abbildung 7.3).

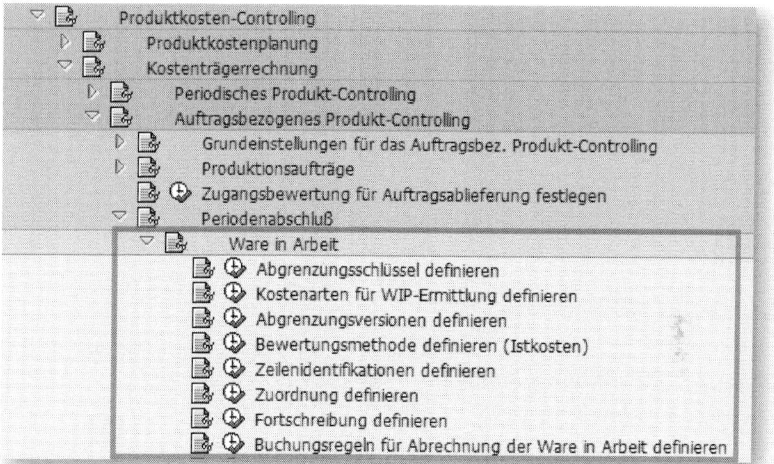

Abbildung 7.3: Voraussetzung WIP-Ermittlung

- ABGRENZUNGSSCHLÜSSEL DEFINIEREN
  Für einen Fertigungsauftrag kann WIP nur ermittelt werden, wenn ein Abgrenzungsschlüssel im Fertigungsauftrag hinterlegt ist. Definiert wird der Abgrenzungsschlüssel über die Transaktion OKG1. Sofern er als Vorschlagswert je Auftragsart und Werk hinterlegt ist, wird er bei der Anlage des Fertigungsauftrages automatisch gezogen.

  In unserem Beispiel haben wir den ABGRENZUNGSSCHLÜSSEL FERT (WIP-Ermittlung Fertigungsaufträge) angelegt und unserem WERK ET11 und der AuftragsART PP01 als Vorschlagswert zugeordnet. Dieser wurde dann bei der Anlage unseres Fertigungsauftrages in die Kopfdaten übernommen (siehe Abbildung 7.4).

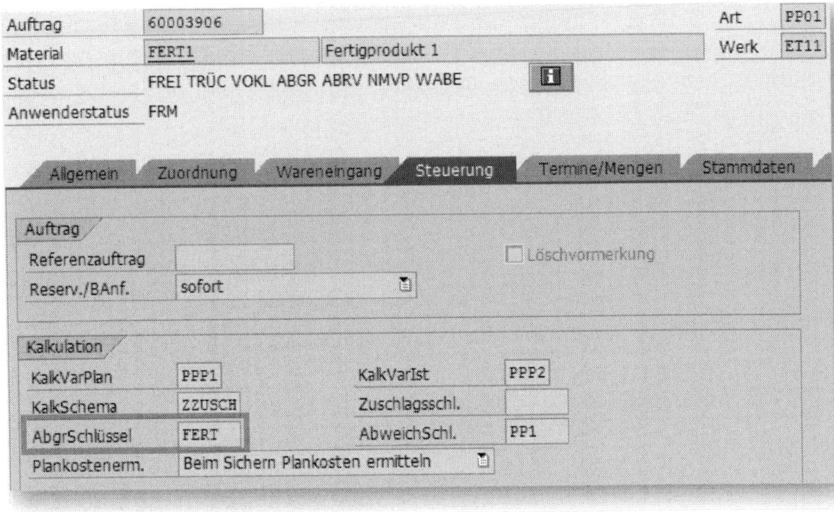

Abbildung 7.4: Fertigungsauftrag – Abgrenzungsschlüssel

- KOSTENARTEN FÜR WIP-ERMITTLUNG DEFINIEREN
  WIP-Kostenarten werden mit dem Kostenartentyp 31 angelegt. Dieser wird genutzt, um die Abgrenzungsdaten der Fertigungsaufträge auf dem jeweiligen Auftrag zu speichern bzw. fortzuschreiben.

- ABGRENZUNGSVERSION DEFINIEREN
  Die *Abgrenzungsversion* wird in der Transaktion `OKG9` definiert. Über die WIP-Ermittlung kalkulierte Abgrenzungsdaten werden auf dem Fertigungsauftrag mit Bezug zur Abgrenzungsversion fortgeschrieben. In ihr erfolgt außerdem die Festlegung, ob die WIP-Werte an die Finanzbuchhaltung weitergeleitet werden sollen. Wir haben die ABGRENZUNGSVERSION `0 - Version 0 Ist` mit Weiterleitung an die Finanzbuchhaltung angelegt.

- BEWERTUNGSMETHODE DEFINIEREN (ISTKOSTEN)
  Mit der Transaktion `OKGC` können wir die *Bewertungsmethode* definieren. Hier haben wir festgelegt, dass die WIP-Ermittlung auf Basis der `Istkosten` errechnet werden soll (Differenz zwischen Belastung und Entlastung). Des Weiteren soll die WIP immer dann ermittelt werden, wenn der Status des Fertigungsauftrages »Freigegeben« oder »Teilfrei« ist, bei »Geliefert« oder »Technisch abgeschlossen« soll eine vorher ermittelte WIP aufgelöst werden bzw. keine WIP-Ermittlung stattfinden.

- ZEILENIDENTIFIKATION DEFINIEREN
  Mit der *Zeilenidentifikation* definieren wir, wie der gesamte WIP-Betrag pro Fertigungsauftrag gegliedert werden soll. Dementsprechend wird der WIP-Betrag auf dem Fertigungsauftrag fortgeschrieben.

- ZUORDNUNG DEFINIEREN
  Mit der Transaktion `OKGB` ordnen wir alle Kostenarten, die unsere Fertigungsaufträge be- und entlasten, den Zeilenidentifikationen zu.

- FORTSCHREIBUNG DEFINIEREN
  Mit der Transaktion `OKGA` legen wir die *Fortschreibung* auf dem Fertigungsauftrag fest. Wir müssen für den jeweiligen Kostenrechnungskreis, Abgrenzungsschlüssel und die Zeilenidentifikation eine entsprechende sekundäre WIP-Kostenart mit Kostenartentyp 31 hinterlegen.

- BUCHUNGSREGELN FÜR ABRECHNUNG DER WARE IN ARBEIT DEFINIEREN
  Hier legen wir mit der Transaktion `OKG8` fest, an welche Konten in der Finanzbuchhaltung die Ware in Arbeit abgerechnet werden soll. Wir müssen ein Bilanzkonto (in unserem Fall `511111 - Bestand WIP`) und ein GuV-Konto (in unserem Fall `791111 - Bestandsveränderung Waren in Arbeit`) definieren.

Lassen Sie uns die WIP-Ermittlung nun durchführen und buchen. Die Ermittlung der WIP erfolgt mit der Transaktion KKAX (siehe Abbildung 7.5).

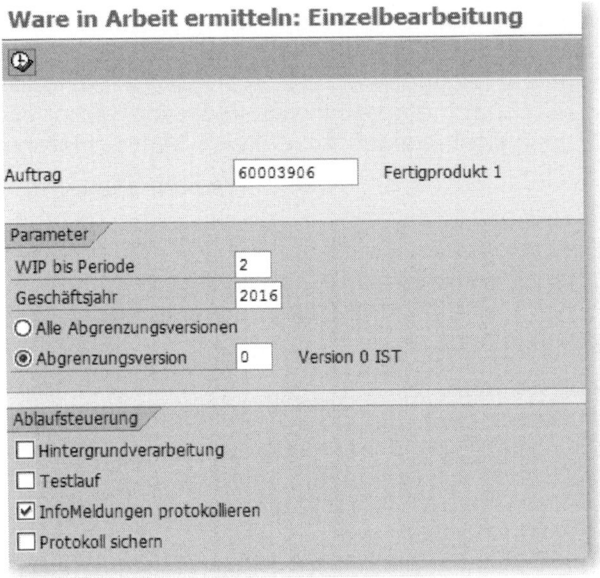

Abbildung 7.5: WIP-Ermittlung ausführen

Wir selektieren unseren FertigungsAUFTRAG, geben die PERIODE, das GESCHÄFTSJAHR und unsere ABGRENZUNGSVERSION an. Das Ergebnis der WIP-Ermittlung sehen wir in Abbildung 7.6.

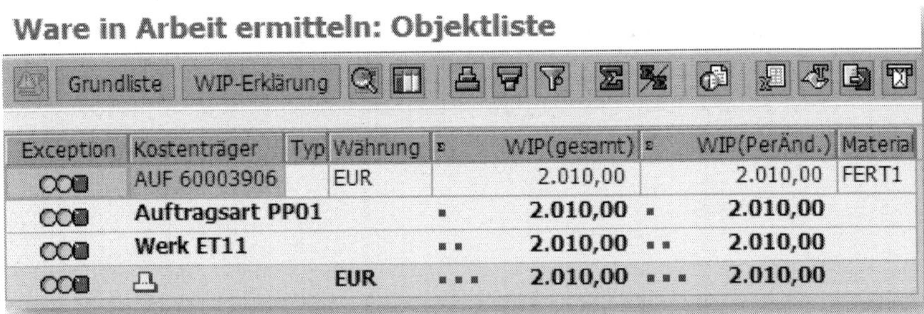

Abbildung 7.6: Ergebnis WIP-Ermittlung

Gebucht wird die Ware in Arbeit mit der Transaktion `KO88` (Abrechnung) (siehe Abbildung 7.7).

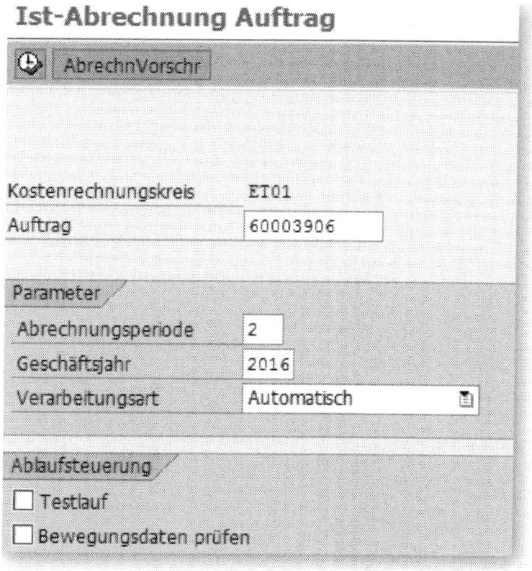

Abbildung 7.7: Abrechnung WIP

Nach der Ausführung der Abrechnung wird ein Buchhaltungsbeleg erzeugt (siehe Abbildung 7.8).

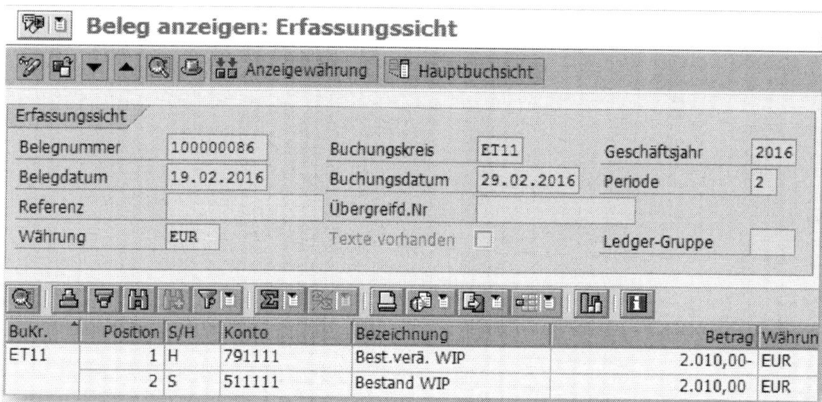

Abbildung 7.8: WIP – Buchhaltungsbeleg

Das GuV-KONTO `791111 - Best.verä. WIP` wurde im Haben mit `2010 EUR` gebucht, die Gegenbuchung erfolgte auf dem Bilanzkonto `511111 - Bestand WIP` im Soll. Die Auswirkung dieser WIP-Buchung sehen wir in unserem Wertefluss in Abbildung 7.9.

Finanzwesen (FI)			Controlling				
			Kostenstelle	Fertigungs-auftrag	Ergebnisobjekt (CO-PA)		
GuV		Wert	Wert	Wert	DB-Struktur	Ist-Wert	Kalk. Werte
Umsatz							
	Umsatzerlöse				Bruttoumsatz		
	Erlösschmälerungen				Rabatte		
Bestandsveränderungen					Fakturaumsatz	0	
	WE Fertige Erzeugnisse						
	WE Fertige Erzeugnisse						
	Bestandsveränderung WIP	-2.010		-2.010			
	WA Fertige Erzeugnisse				Kosten des WA		
	Produktionsabweichung				Produktionsabw.		
Materialaufwand							
	Verbrauch Rohstoffe	1.000		1.000	Materialeinsatz		
	MGK		-50	50	MGK		
Personalaufwand							
	Personalstunden		-800	800	Fertigungskosten		
	FGK		-160	160	FGK		
	Löhne Produktion	1.500	1.500				
	Gehalt Prod.Ltg.	1.000	1.000		Deckungsbeitrag	0	
	Löhne Einkauf	1.000	1.000				
Sonstiges							
	Umlage CCA->CO-PA		-2.490		Umlagen	2.490	
Ergebnis		2.490	0	0	Ergebnis	2.490	

Abbildung 7.9: Wertefluss FI/CO/CO-PA (X)

Wir stellen fest, dass durch die WIP-Buchung wieder das gleiche Ergebnis in FI wie in CO-PA hergestellt wurde.

7.2 Abstimmungsmöglichkeiten beim WIP

Wie bereits erwähnt, werden bei der WIP-Ermittlung und deren Verbuchung in unserem Beispiel keine Werte in CO-PA gebucht. Dennoch muss die WIP-Ermittlung durchgeführt werden, um FI und CO-PA im Ergebnis gleich zu halten.

Was genau ermittelt wird, hängt vom Status des Fertigungsauftrages ab: Ist der Fertigungsauftrag noch nicht endgeliefert oder technisch abgeschlossen, wird immer WIP ermittelt; ist einer dieser Status erreicht, werden Abweichungen ermittelt.

Wie wir die Abweichungen analysieren und abstimmen können, haben wir bereits im Abschnitt 3.4 kennengelernt.

Auch für die WIP-Ermittlung können wir klären, ob der korrekte WIP-Betrag im FI verbucht worden ist. Dafür bedienen wir uns im FI wiederum des Berichtes FAGLL03 – SACHKONTEN EINZELPOSTENLISTE HAUPTBUCHSICHT. Anstelle des Preisdifferenzkontos (wie bei den Abweichungen) wählen Sie das im Customizing hinterlegte WIP-Konto aus. In unserem Fall haben wir für die GuV-Buchungszeile das Konto `791111 - Bestandsveränderung Waren in Arbeit` hinterlegt. Das Ergebnis zeigt Abbildung 7.10.

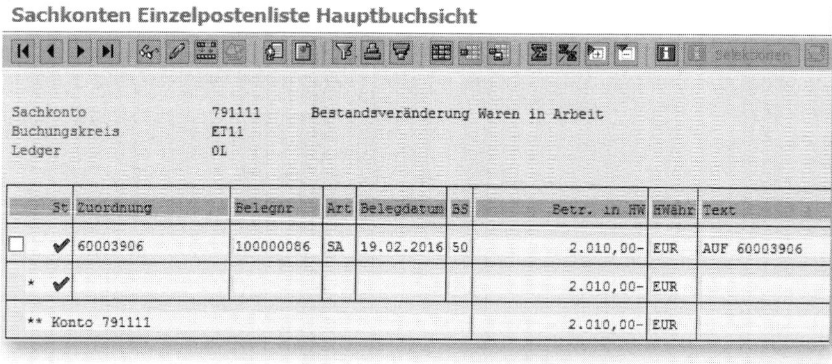

Sachkonten Einzelpostenliste Hauptbuchsicht

Sachkonto 791111 Bestandsveränderung Waren in Arbeit
Buchungskreis ET11
Ledger 0L

	St	Zuordnung	Belegnr	Art	Belegdatum	BS	Betr. in HW	HWähr	Text
☐	✔	60003906	100000086	SA	19.02.2016	50	2.010,00-	EUR	AUF 60003906
*	✔						2.010,00-	EUR	
** Konto 791111							2.010,00-	EUR	

Abbildung 7.10: WIP – FAGLL03

Zum Vergleich schauen wir uns die Werte des Fertigungsauftrages mit der Transaktion `KOB1` an. Das Ergebnis zeigt Abbildung 7.11.

Belegnummer	Kostenart	Kostenartenbezeichn.	Σ	Wert/BWähr
1209	733331	Verbr. Rohstoffe 1		400,00
1209	733332	Verbr. Rohstoffe 2		600,00
1210	941111	Zuschlag Material		50,00
1210	941222	Zuschlag Fertigung		160,00
1202	943111	Personal Stunden		800,00
Auftrag 60003907 Fertigprodukt 1			•	**2.010,00**
			••	**2.010,00**

Abbildung 7.11: WIP – Fertigungsauftrag

Wir stellen fest, dass genau unser WIP-Betrag über `2.010 EUR` auf dem Fertigungsauftrag übrig bleibt. Nach erfolgreicher Durchführung der drei Monatsabschlussprozesse

- WIP-Ermittlung,
- Abweichungsermittlung und
- Abrechnung

sollte der im FI gebuchte WIP-Betrag also mit der Summe aller Istkosten der Fertigungsaufträge in der entsprechenden Periode übereinstimmen. Dann haben wir alles richtig gemacht.

8 Die Zukunft von CO-PA unter SAP S/4 HANA

Gastbeitrag von Martin Munzel (Espresso Tutorials GmbH)

SAP propagiert aktuell, dass mit dem auf der In-Memory-Datenbank HANA basierenden neuen ERP-System S/4 HANA das buchhalterische CO-PA »plötzlich« zum Mittel der Wahl werden soll. Lassen Sie sich nicht verunsichern: Auch unter HANA steht Ihnen die kalkulatorische Ergebnisrechnung weiterhin in der gewohnten Form zur Verfügung, und niemand wird Sie zwingen, diese abzulösen! Alles, was Sie bisher in diesem Buch gelesen haben, behält auch unter HANA seine Gültigkeit.

8.1 Wer oder was ist HANA?

Der Begriff »HANA« wurde von der SAP zunächst als Akronym für »**H**igh-Performance **An**alytic **A**ppliance« verwendet. Heute ist *SAP HANA* der Eigenname für die In-Memory-Datenbank der SAP – ein Produkt, das entweder zusammen mit anderen SAP-Produkten wie *SAP ERP* und *SAP BW* oder auch separat (Stand-Alone) angeboten wird.

Extrem schnelle Analysen und Aggregationen großer Datenmengen zeichnen diese In-Memory-Datenbank aus. Doch warum ist sie so performant? Das lässt sich auf eine Kombination mehrerer Faktoren zurückführen:

- In-Memory bedeutet, dass alle Daten im Hauptspeicher und nicht mehr auf der Festplatte abgelegt werden.
- Alle Bewegungsdaten werden in den Datenbanktabellen nach Spalten und nicht nach Zeilen organisiert.

- Die Möglichkeiten zur parallelen Verarbeitung der Daten in modernen Hardware-Architekturen werden durch die HANA-Software in hohem Maße genutzt.

Die Idee der Verlagerung der Datenhaltung von der Festplatte in den Hauptspeicher ist getrieben vom Wunsch nach erheblich schnelleren Zugriffszeiten. Und die sind für den Hauptspeicher im Vergleich zur Festplatte mindestens um den Faktor 100.000 kürzer. Durch moderne modulare Hauptspeicherkomponenten (Blades) und ständig sinkende Preise für die Hardware lassen sich In-Memory-Datenbanken mit Speicherkapazitäten von mehreren Terabyte installieren, die für eine immer größere Anzahl von Unternehmen bezahlbar werden.

8.2 Änderungen mit SAP S/4 Finance

Geschwindigkeit allein wird aber noch keinen SAP-Kunden davon überzeugen, auf HANA umzusteigen. Vielmehr arbeitet die SAP fieberhaft daran, ihre Produkte ERP, BW und andere so umzubauen, dass sie unter HANA mehr zu bieten haben als nur zusätzliche Geschwindigkeit. Das Nachfolgeprodukt für SAP ERP heißt SAP S/4 HANA, und die darin enthaltene Applikation für das Rechnungswesen weist deutliche Unterschiede gegenüber ERP auf. Konkret bedeutet das:

- FI und CO wachsen zusammen,
- Summentabellen werden abgeschafft,
- ein sogenannter *Einheitsbeleg* fasst sämtliche für FI und CO relevanten Informationen in einem einzigen Beleg zusammen,
- Kostenarten werden abgeschafft, es gibt nur noch Sachkonten.

Der Einheitsbeleg ermöglicht es SAP, die bisherige Trennung der einzelnen Rechnungswesen-Module in Untermodule bzw. Ledger aufzuheben und eine umfassende Darstellung und Auswertbarkeit von Informationen im FI zu gewährleisten. Der Einheitsbeleg ist in Abbildung 8.1 schematisch dargestellt. Die Belege werden in der neuen Tabelle ACDOCA abgelegt, die sehr viele Spalten (nach aktuellem Stand über 200) enthält, um alle denkbaren Informationen aus dem Hauptbuch (z. B. Buchungskreis, Sachkonto, Betrag), dem Controlling (Kostenrechnungskreis, Kostenart [bzw. nun Sachkonto], Kostenstelle), der Anlagenbuchhaltung und dem Material Ledger abzubilden.

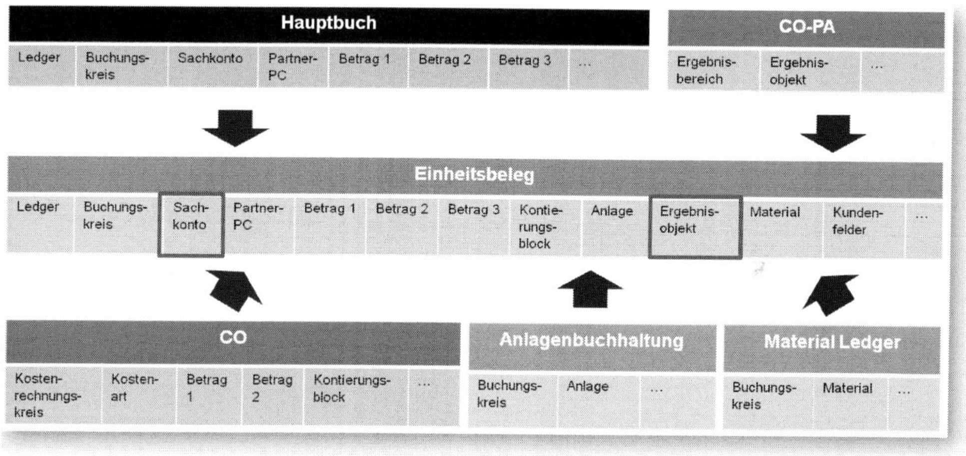

Abbildung 8.1: Einheitsbeleg

Um die vielfältigen Informationen aus den verschiedenen Applikationen des Rechnungswesens zusammenzuführen, benötigt SAP ein Merkmal, das in diesen allen vorkommt. Mit der Abschaffung der Kostenarten ist dies das SACHKONTO. Wie Sie in Abbildung 8.1 sehen, enthält der Einheitsbeleg auch eine Verknüpfung zu einem ERGEBNISOBJEKT. Diese ermöglicht einen direkten Zugriff von FI-Belegen auf Informationen aus CO-PA. Da jedoch das einzige gemeinsame Merkmal zwischen den Applikationen das Sachkonto ist, ergibt sich daraus, dass der Einheitsbeleg nur mit dem *buchhalterischen* CO-PA funktioniert.

Die buchhalterische Ergebnisrechnung hat lange ein Schattendasein neben dem funktional mächtigeren kalkulatorischen CO-PA geführt. Bei der buchhalterischen Ergebnisrechnung verwenden Sie Kostenarten anstelle von Wertfeldern. Dies hat zwar den Vorteil, dass die CO-PA-Daten leichter mit FI abstimmbar sind, da Sie sie nicht erst aus den Wertfeldern ableiten müssen. Auf der anderen Seite können Sie damit aber nur Sachverhalte darstellen, die auch in FI gebucht werden. So ist es in SAP ERP nicht möglich, im buchhalterischen CO-PA kalkulatorische Ansätze wie die Kostenschichtung aus der Produktkostenrechnung, Abweichungskategorien aus PP, Konditionen aus SD, Zuschläge oder den Auftragseingang aus SD darzustellen. Diese Einschränkungen wie auch Nachteile bei der Performance führten bisher dazu, dass die allermeisten Kunden lieber zum kalkulatorischen CO-PA griffen.

Wie bereits eingangs erwähnt, führt die Einführung von SAP S/4 HANA zu Verunsicherungen bei Bestandskunden, die bereits seit Langem das kalkulatorische CO-PA einsetzen. Diese Kunden fragen sich, ob ihr Modul damit zum Auslaufmodell wird oder sie gar zum Umstieg gezwungen werden. Weitere Unsicherheit wirft die genannte Funktionalitätslücke auf, die das buchhalterische CO-PA gegenüber dem kalkulatorischen aufweist. Hier hat die SAP mittlerweile einige Anpassungen vorgenommen: Zum einen wertet sie das buchhalterische CO-PA in S/4 Finance auf, indem ihm ein Teil der bis dato fehlenden Funktionalitäten eingebaut wurde. So ist es möglich, die Kostenschichtung aus der Produktkalkulation zu übernehmen und auch tatsächlich beim Warenausgang mitzubuchen. Ebenso können Sie inzwischen die einzelnen Kategorien der Produktionsabweichung auf verschiedene Sachkonten verbuchen. Wenn diese zusätzliche Funktionalität für Ihre Anforderungen ausreicht, sollten Sie also den Umstieg auf das buchhalterische CO-PA prüfen, wenn Sie auf S/4 HANA migrieren.

Wenn hingegen die kalkulatorischen Ansätze wie SD-Konditionen, Zuschläge oder Auftragseingang für Ihr Vertriebscontrolling unverzichtbar sind, dann steht es Ihnen immer noch offen, das kalkulatorische CO-PA in genau derselben Form wie bisher zu nutzen – mit allen aktuellen Vor- und Nachteilen: Sie haben die volle Flexibilität beim Abbilden Ihres Vertriebscontrollings, müssen dies aber außerhalb des Einheitsbelegs erledigen. Das kalkulatorische CO-PA bleibt damit quasi ein Nebenbuch, wie es heute auch schon eines ist. Sie müssen nach wie vor sicherstellen, dass Ihr Ergebnis ins FI überleitbar ist, wofür Ihnen dieses Buch unterstützend zur Seite steht.

9 Unser Schlusswort

Herzlichen Glückwunsch! Sie haben es geschafft, unseren Darstellungen eines Werteflusses im SAP-System anhand eines einfachen Beispiels bis zum Ende zu folgen. Damit haben Sie ein Buch durchgearbeitet, das von seinem Konzept her für SAP-Bücher neu ist! Wir sind häufig auf der Suche nach Büchern, die anspruchsvolle Themen auf einfache Art und Weise beschreiben, damit sie jeder schnell verstehen kann. Unser Ziel war es, diesem Anspruch in unserem eigenen Buch gerecht zu werden. Zumeist finden Sie SAP-Bücher, die Ihnen alle Möglichkeiten aufzeigen, welche die SAP-Software bereithält. Das ist nicht unser Anliegen! Wir haben Ihnen daher auf möglichst einfache und hoffentlich dennoch verständliche Weise dargelegt, wie ein Wertefluss die einzelnen Stationen vom Kundenauftrag über die Produktion bis hin zum Warenausgang und zur Faktura durchläuft und wo Sie diese Werte im Finanzwesen und Controlling wiederfinden.

Das Modul CO-PA sollte in Ihrem Unternehmen als Tool für das Vertriebscontrolling angewendet werden – so, wie es ursprünglich auch von SAP konzipiert wurde. Es dient nicht allein dem Zweck, ein weiteres Mal Ihre GuV abzustimmen, auch wenn es in vielen Unternehmen eine Forderung des Managements ist, das GuV-Ergebnis mit dem Ergebnis einer kalkulatorischen Deckungsbeitragsrechnung abstimmen zu können. Wie das funktionieren kann, haben wir Ihnen in diesem Buch bewiesen, wie folgende Schlussgrafik nochmals zeigt (siehe Abbildung 9.1):

Finanzwesen (FI)		Controlling				
		Kostenstelle	Fertigungs-auftrag	Ergebnisobjekt (CO-PA)		
GuV	Wert	Wert	Wert	DB-Struktur	Ist-Wert	Kalk. Werte
Umsatz						
Umsatzerlöse	-7.500			Bruttoumsatz	-7.500	
Erlösschmälerungen	1.500			Rabatte	1.500	
Bestandsveränderungen				Fakturaumsatz	-6.000	
WE Fertige Erzeugnisse	-1.650		-1.650			
WE Fertige Erzeugnisse	-360					
WA Fertige Erzeugnisse	1.650			Kosten des WA	1.650	
Produktionsabweichung	360		-360	Produktionsabw.	360	
Materialaufwand						
Verbrauch Rohstoffe	1.000		1.000	Materialeinsatz		1.000
MGK		-50	50	MGK		50
Personalaufwand						
Personalstunden		-800	800	Fertigungskosten		500
FGK		-160	160	FGK		100
Löhne Produktion	1.500	1.500				
Gehalt Prod.Ltg.	1.000	1.000		Deckungsbeitrag	-3.990	
Löhne Einkauf	1.000	1.000				
Sonstiges						
Umlage CCA->CO-PA		-2.490		Umlagen	2.490	
Ergebnis	-1.500	0	0	Ergebnis	-1.500	

Abbildung 9.1: Wertefluss FI/CO/CO-PA (XI)

Das Ergebnis zwischen der GuV und der Deckungsbeitragsrechnung ist mit jeweils 1.500 EUR identisch (q. e. d.).

Nun werden Sie vielleicht sagen: »Ja, an so einem einfachen Beispiel klappt das, aber funktioniert das auch bei Massendaten, die üblicherweise in einem Unternehmen anfallen?« Dazu können wir Ihnen aus unserer langjährigen Erfahrung sagen: »Ja, das klappt auch mit Massendaten!« Voraussetzung dafür ist natürlich, dass Sie die von uns beschriebenen Prozesse richtig gecustomized haben. Außerdem sollten Sie sich Ihren Wertefluss regelmäßig stichprobenartig ansehen.

Solange Sie die von uns beschriebenen Abstimmungsmöglichkeiten (und die im SAP-System zahlreich vorhandenen Abstimmungsfunktionalitäten, die wir nicht benannt haben) und – sofern nötig – die beschriebenen Korrekturoptionen nutzen, werden Sie Ihr Management glücklich machen, indem Sie einen weiteren Beweis liefern, der Ihr GuV-Ergebnis bestätigt.

Langfristig wird Ihr Management aber über einen anderen Aspekt viel glücklicher sein: Sie haben mit CO-PA ein Vertriebscontrollingtool geschaffen, mit dem Sie die vielfältigsten betriebswirtschaftlichen Analysen ermöglichen können, und zwar auf allen Merkmalen, die Sie in Ihrem Ergebnisbereich bereitgestellt haben.

Weiterhin haben Sie mit dem Durcharbeiten dieses Buches an einem einfachen Beispiel den betriebswirtschaftlichen Verlauf eines logistischen Verkaufs- und Produktionsprozesses kennengelernt. Noch besser: Sie haben gelernt, wie dieser Prozess modulübergreifend im SAP abgebildet wird. Auch darüber wird Ihr Management glücklich sein, denn es weiß, dass es Personen in seinen Reihen hat, die die wichtigsten Zusammenhänge im SAP-System kennen und über den Tellerrand blicken können. Heutzutage ist ein prozessuales (SAP-)Wissen in einer globalen Welt ein nicht zu vernachlässigender (Wettbewerbs-)Vorteil! Lassen Sie sich auch deshalb in Zukunft nicht ins Bockshorn jagen, wenn jemand sagt: »CO-PA ist falsch!« Wie wir in den Prozessbeschreibungen immer wieder gesehen haben, ist CO-PA der letzte Baustein im Prozess. Wenn Fehler passieren, dann sind es häufig Anwendungsfehler im laufenden Prozess; sie werden meistens erst im CO-PA sichtbar oder fallen dann (endlich) auf.

Wir wünschen Ihnen, dass es Ihnen gelingt, Ihr Management glücklich zu machen – mit Ihrem Wissen über Werteflüsse im SAP-System, insbesondere in die Ergebnisrechnung, und mit dem Königsmodul des SAP-Systems selbst!

Göttingen, im Mai 2016

Christoph Theis   Stefan Eifler

Sie haben das Buch gelesen und sind mit unserem Werk zufrieden? Bitte schreiben Sie uns eine Rezension!

Unser Newsletter

Wir informieren Sie über Neuerscheinungen und exklusive Gratisdownloads in unserem Newsletter.

Melden Sie sich noch heute an unter *http://newsletter.espresso-tutorials.com*

A Die Autoren

Christoph Theis hat Betriebswirtschaftslehre studiert und verfügt inzwischen über mehr als zehn Jahre Erfahrung im SAP-Umfeld. Sein Schwerpunkt liegt in den Bereichen Finanzen und Controlling. Bis 2012 war er bei der Logwin AG tätig. Zu seinen Hauptaufgaben gehörten einerseits die Begleitung verschiedener internationaler SAP-Rollouts mit Schwerpunkt in den Bereichen Reporting, Formulare, Finanzen und Controlling und andererseits das Customizing des Systems, Testen von Einstellungen, Training von Key-Usern und die Durchführung von Datenmigrationen. Für ein Jahr leitete er die Abteilung Cash Management mit neun Mitarbeitern und sammelte zusätzlich Know-how als Mitarbeiter im Group Treasury und Controlling der Logwin AG.

Anfang 2013 wechselte Christoph Theis in die externe SAP-Beratung und betreute für ein Jahr diverse mittelständische Unternehmen bei SAP-Einführungen und SAP-Optimierungsprojekten im Bereich FI und CO.

Inzwischen arbeitet er als Accountant/Inhouse Consultant Rollouts & Integrationsprojekte SAP FI&CO bei der Sartorius AG in Göttingen und betreut internationale SAP-Rollouts im Bereich Finanzen und Controlling, z. B. in den USA, in Puerto Rico, Frankreich, Belgien und Tunesien.

Stefan Eifler arbeitet seit mehr als zwanzig Jahren als externer und interner SAP-Berater mit dem Schwerpunkt CO und ist Speziallist für die Ergebnisrechnung (CO-PA).

Nach seinem wirtschaftswissenschaftlichen Studium an der Ruhr-Universität Bochum arbeitete er zunächst als externer SAP-Berater bei der COPA GmbH, einer auf die Getränkeindustrie spezialisierten Unternehmensberatung, und führte bei vielen namhaften Firmen das Modul CO inklusive CO-PA erfolgreich ein. Anschließend war Stefan Eifler Inhouse-SAP-Berater bei der Berentzen-Gruppe AG. Als Leiter Controllingprojekte verantwortete er dort neben vielen SAP-Projekten, wie z. B. der Neueinführung von SAP R/3 bei gleichzeitiger Verschmelzung der Berentzen-Firmen auf eine Einheitsgesellschaft, auch Projekte wie die Einführung der internationalen Rechnungslegung (IFRS) zum 31.12.2005. In zusätzlichen Funktionen als Vertriebs- und Produktionscontroller konnte er im Controlling viele praktische Erfahrungen sammeln. Durch seine ganzheitliche wirtschaftswissenschaftliche Ausbildung war er zusätzlich der Risikomanager der Berentzen-Gruppe AG. Seit Februar 2012 arbeitet Herr Eifler bei der weltweit operierenden Sartorius AG in Göttingen als Inhouse-Berater für SAP-CO (Controlling). Neben Aufgaben als IT-Delegate für Controlling, im 3rd-Level-Support oder als Projektleiter für IT-Projekte, wie z. B. eine Profit-Center-Reorganisation, konnte er im Rahmen eines globalen SAP-Rolloutprojektes bereits internationale Erfahrungen in den USA, in Puerto Rico, Frankreich, Belgien und Tunesien sammeln.

Zudem hält er Vorträge zum CO-PA, etwa im Rahmen der FICO-Forum Infotage. Aus diesen Vorträgen heraus reifte gemeinsam mit seinem Sartorius-Kollegen Christoph Theis die Idee, ein Buch über die »Werteflüsse in die SAP-Ergebnisrechnung« zu schreiben.

Für Stefan Eifler ist dieses Buch bereits das zweite. Sein erstes Werk »Schnelleinstieg in die SAP-Ergebnisrechnung (CO-PA)« erschien im Oktober 2012, wurde 2013 ins Englische übersetzt und wird seitdem unter dem Titel »Quick Guide to SAP CO-PA (Profitability Analysis)« weltweit erfolgreich vertrieben. Es ist jeweils als Print- und Kindleversion sowie in der Online-Buchausleihe des Verlages Espresso-Tutorials erhältlich.

B Index

G

H

I

K

C Disclaimer

Die in diesem Werk wiedergegebenen Gebrauchsnamen, Handelsnamen, Warenbezeichnungen usw. können auch ohne besondere Kennzeichnung Marken sein und als solche den gesetzlichen Bestimmungen unterliegen. Sämtliche in diesem Werk abgedruckten Bildschirmabzüge unterliegen dem Urheberrecht der SAP SE, Dietmar-Hopp-Allee 16, 69190 Walldorf.

In dieser Publikation wird auf Produkte der SAP SE Bezug genommen. SAP, R/3, SAP NetWeaver, Duet, PartnerEdge, ByDesign, SAP BusinessObjects Explorer, StreamWork und weitere im Text erwähnte SAP-Produkte und Dienstleistungen sowie die entsprechenden Logos sind Marken oder eingetragene Marken der SAP SE in Deutschland und anderen Ländern. Business Objects und das Business-Objects-Logo, BusinessObjects, Crystal Reports, Crystal Decisions, Web Intelligence, Xcelsius und andere im Text erwähnte Business-Objects-Produkte und Dienstleistungen sowie die entsprechenden Logos sind Marken oder eingetragene Marken der Business Objects Software Ltd. Business Objects ist ein Unternehmen der SAP SE. Sybase und Adaptive Server, iAnywhere, Sybase 365, SQL Anywhere und weitere im Text erwähnte Sybase-Produkte und -Dienstleistungen sowie die entsprechenden Logos sind Marken oder eingetragene Marken der Sybase Inc. Sybase ist ein Unternehmen der SAP SE. Alle anderen Namen von Produkten und Dienstleistungen sind Marken der jeweiligen Firmen. Die Angaben im Text sind unverbindlich und dienen lediglich zu Informationszwecken. Produkte können länderspezifische Unterschiede aufweisen.

Der SAP-Konzern übernimmt keinerlei Haftung oder Garantie für Fehler oder Unvollständigkeiten in dieser Publikation. Der SAP-Konzern steht lediglich für Produkte und Dienstleistungen nach der Maßgabe ein, die in der Vereinbarung über die jeweiligen Produkte und Dienstleistungen ausdrücklich geregelt ist. Aus den in dieser Publikation enthaltenen Informationen ergibt sich keine weiterführende Haftung.

Weitere Bücher von Espresso Tutorials

Andreas Unkelbach, Martin Munzel:

Schnelleinstieg ins SAP® Controlling (CO)

- Gemeinkostencontrolling (CO-OM)
- Produktcostencontrolling (CO-PC)
- Ergebnis- und Marktsegmentrechnung (CO-PA)
- Profitcenter-Rechnung (EC-PCA)

http://4004.espresso-tutorials.com

Stefan Eifler:

Schnelleinstieg in die SAP®-Ergebnisrechnung (CO-PA)

- Deckungsbeitragsrechnung erfolgreich aufbauen
- Wertefluss definieren, Planung optimieren
- Inklusive 5 Video-Tutorials

http://5001.espresso-tutorials.com

Martin Munzel:

New SAP® Controlling Planning Interface

- Introduction to Netweaver Business Client
- Flexible Planning Layouts
- Plan Data Upload from Excel

http://5011.espresso-tutorials.com